1580177376

中华人民共和国国家标准

110kV～750kV 架空输电线路设计规范

Code for design of 110kV～750kV
overhead transmission line

GB 50545-2010

主编部门：中 国 电 力 企 业 联 合 会
批准部门：中华人民共和国住房和城乡建设部
施行日期：２０１０年７月１日

中国计划出版社

2010 北 京

中华人民共和国国家标准
110kV～750kV 架空输电线路设计规范
GB 50545-2010

☆

中国计划出版社出版发行

网址：www.jhpress.com

地址：北京市西城区木樨地北里甲 11 号国宏大厦 C 座 3 层

邮政编码：100038　电话：(010) 63906433（发行部）

北京市科星印刷有限责任公司印刷

850mm×1168mm　1/32　5.75 印张　145 千字

2010 年 6 月第 1 版　2020 年 9 月第 8 次印刷

☆

统一书号：1580177·376

定价：35.00 元

版权所有　侵权必究

侵权举报电话：(010) 63906404

如有印装质量问题，请寄本社出版部调换

中华人民共和国住房和城乡建设部公告

第 490 号

关于发布国家标准《110kV～750kV 架空输电线路设计规范》的公告

现批准《110kV～750kV 架空输电线路设计规范》为国家标准,编号为 GB 50545—2010,自 2010 年 7 月 1 日起实施。其中,第 5.0.4、5.0.5、5.0.7、6.0.3、7.0.2、7.0.9、7.0.10、7.0.17、7.0.19、13.0.1、13.0.2、13.0.4、13.0.5、13.0.11 条为强制性条文,必须严格执行。

本规范由我部标准定额研究所组织中国计划出版社出版发行。

中华人民共和国住房和城乡建设部
二〇一〇年一月十八日

前　言

本规范是根据原建设部《关于印发〈2006年工程建设标准规范制定、修订计划(第二批)〉的通知》(建标〔2006〕136号)的要求,由中国电力工程顾问集团公司会同有关单位共同编制。

在编制过程中,本规范编制组认真总结经验,广泛地调查研究,参考有关国际标准和国外先进标准,经广泛地征求意见和多次讨论修改,最后经审查定稿。

本规范共分16章和7个附录,主要内容包括:总则,术语和符号,路径选择,气象条件,导线和地线,绝缘子和金具,绝缘配合、防雷和接地,导线布置,杆塔型式,杆塔荷载及材料,杆塔结构,基础,对地距离及交叉跨越,环境保护,劳动安全和工业卫生,附属设施等。

本规范中以黑体字标志的条文为强制性条文,必须严格执行。

本规范由住房和城乡建设部负责管理和对强制性条文的解释,由中国电力企业联合会负责日常管理,由中国电力工程顾问集团公司、华东电力设计院负责具体技术内容的解释。本规范在执行过程中,请各单位结合工程实践,认真总结经验,积累资料,将意见和建议反馈给中国电力工程顾问集团公司(地址:北京安德路65号,邮政编码:100120)和华东电力设计院(地址:上海市武宁路409号,邮政编码:200063),以供今后修订时参考。

本规范主编单位、参编单位、主要起草人和主要审查人员:

主　编　单　位:中国电力工程顾问集团公司
　　　　　　　　华东电力设计院
参　编　单　位:西北电力设计院
主　要　起草人:于　刚　梁政平　张鹏飞　黄伟中　吴建生

	李勇伟	李喜来	廖宗高	龚永光	李永双
	董建尧	薛春林	何　江	钱广忠	叶鸿声
	魏顺炎	杨元春	朱永平	张小力	张芳杰
	王虎长	王　勇	苗桂良	孙　波	于　非
	张　华	夏　波	管顺清	周丹羽	肖立群
主要审查人员：	骆永梁	郭跃明	朱天浩	葛旭波	曾　健
	方森华	卢宏振	许松林	刘永东	王　茁
	李爱民	郭亚莉	安旭东	陈汉章	杨崇儒
	翁炳华	王　钢	包永忠	叶鸿声	张国良
	张显峰	马志坚	秦庆芝	杨　林	施柳武
	侯长健	唐　炎	代志强	赵庆斌	梁沛权
	吴　磊	孙哲夫	黄　健	李广福	张　弦
	邱长根	匡　平	楼富浩	朱竞华	卢彦平
	杨湘衡	宿志一	易　辉		

目 次

1 总则 ……………………………………………… (1)
2 术语和符号 ……………………………………… (2)
　2.1 术语 ………………………………………… (2)
　2.2 符号 ………………………………………… (4)
3 路径选择 ………………………………………… (7)
4 气象条件 ………………………………………… (9)
5 导线和地线 ……………………………………… (11)
6 绝缘子和金具 …………………………………… (15)
7 绝缘配合、防雷和接地 ………………………… (17)
8 导线布置 ………………………………………… (23)
9 杆塔型式 ………………………………………… (25)
10 杆塔荷载及材料 ………………………………… (27)
　10.1 杆塔荷载 …………………………………… (27)
　10.2 结构材料 …………………………………… (34)
11 杆塔结构 ………………………………………… (38)
　11.1 基本计算规定 ……………………………… (38)
　11.2 承载能力和正常使用极限状态计算表达式 … (38)
　11.3 杆塔结构基本规定 ………………………… (40)
12 基础 ……………………………………………… (42)
13 对地距离及交叉跨越 …………………………… (44)
14 环境保护 ………………………………………… (51)
15 劳动安全和工业卫生 …………………………… (52)
16 附属设施 ………………………………………… (53)
附录 A 典型气象区 ……………………………… (54)

附录B 高压架空线路污秽分级标准 ……………………… (55)
附录C 各种绝缘子的 m_1 参考值 ……………………………(56)
附录D 使用悬垂绝缘子串的杆塔,水平线间距离与
      档距的关系 ……………………………………… (58)
附录E 基础上拔土计算土重度和上拔角 ………………… (59)
附录F 弱电线路等级 ……………………………………… (60)
附录G 公路等级 …………………………………………… (61)
本规范用词说明 ……………………………………………… (62)
引用标准名录 ………………………………………………… (63)
附:条文说明………………………………………………… (65)

Contents

1 General provisions .... (1)
2 Terms and symbols .... (2)
   2.1 Terms .... (2)
   2.2 Symbols .... (4)
3 Routing .... (7)
4 Meteorological conditions .... (9)
5 Conductor and earthwire .... (11)
6 Insulators and fittings .... (15)
7 Insulation coordination, lightning protection
   and grounding .... (17)
8 Conductor arrangement .... (23)
9 Tower type .... (25)
10 Tower load and material .... (27)
   10.1 Tower load .... (27)
   10.2 Structural material .... (34)
11 Tower structure .... (38)
   11.1 General calculating stipulation .... (38)
   11.2 Ultimate state expression for carrying capacity and
        serviceability .... (38)
   11.3 General stipulation for structure .... (40)
12 Foundation .... (42)
13 Ground clearance and crossing .... (44)
14 Environmental protection .... (51)
15 Labor safety and industrial sanitation .... (52)

16 Accessories	(53)
Appendix A Typical meteorological area	(54)
Appendix B Classification of overhead line pollution	(55)
Appendix C Reference value of m_1 for different insulator type	(56)
Appendix D Horizontal distance between phases depending on span for suspension tower	(58)
Appendix E Calculating density and cone angle of soil for uplift foundation	(59)
Appendix F Classification of telecommunication line	(60)
Appendix G Classification of road	(61)
Explanation of wording in this code	(62)
List of quoted standards	(63)
Addition: Explanation of provisions	(65)

1 总则

1.0.1 为了在交流110kV～750kV架空输电线路的设计中贯彻国家的基本建设方针和技术经济政策，做到安全可靠、先进适用、经济合理、资源节约、环境友好，制定本规范。

1.0.2 本规范适用于交流110kV～750kV架空输电线路的设计，其中交流110kV～500kV适用于单回、同塔双回及同塔多回输电线路设计，交流750kV适用于单回输电线路设计。

1.0.3 架空输电线路设计，应从实际出发，结合地区特点，积极采用新技术、新工艺、新设备、新材料，推广采用节能、降耗、环保的先进技术和产品。

1.0.4 对重要线路和特殊区段线路宜采取适当加强措施，提高线路安全水平。

1.0.5 本规范规定了110kV～750kV架空输电线路设计的基本要求，当本规范与国家法律、行政法规的规定相抵触时，应按国家法律、行政法规的规定执行。

1.0.6 架空输电线路设计，除应符合本规范的规定外，尚应符合国家现行有关标准的规定。

2 术语和符号

2.1 术 语

2.1.1 架空输电线路　overhead transmission line
用绝缘子和杆塔将导线架设于地面上的电力线路。

2.1.2 弱电线路　telecommunication line
指各种电信号通信线路。

2.1.3 大跨越　large crossing
线路跨越通航江河、湖泊或海峡等,因档距较大(在1000m以上)或杆塔较高(在100m以上),导线选型或杆塔设计需特殊考虑,且发生故障时严重影响航运或修复特别困难的耐张段。

2.1.4 轻、中、重冰区　light/medium/heavy icing area
设计覆冰厚度为10mm及以下地区为轻冰区,设计覆冰厚度大于10mm小于20mm地区为中冰区,设计覆冰厚度为20mm及以上地区为重冰区。

2.1.5 基本风速　reference wind speed
按当地空旷平坦地面上10m高度处10min时距,平均的年最大风速观测数据,经概率统计得出50(30)年一遇最大值后确定的风速。

2.1.6 稀有风速,稀有覆冰　rare wind speed, rare ice thickness
根据历史上记录存在,并显著地超过历年记录频率曲线的严重大风、覆冰。

2.1.7 耐张段　section
两耐张杆塔间的线路部分。

2.1.8 平均运行张力　everyday tension
年平均气温情况下,弧垂最低点的导线或地线张力。

2.1.9 等值附盐密度 equivalent salt deposit density (ESDD)

溶解后具有与从给定绝缘子的绝缘体表面清洗的自然沉积物溶解后相同电导率的氯化钠总量除以表面积,简称等值盐密。

2.1.10 不溶物密度 non-soluble deposit density (NSDD)

从给定绝缘子的绝缘体表面清洗的非可溶性残留物总量除以表面积,简称灰密。

2.1.11 重力式基础 weighting foundation

基础上拔稳定主要靠基础的重力,且其重力大于上拔力标准值的基础。

2.1.12 钢筋混凝土杆 reinforced concrete pole

普通混凝土杆、部分预应力混凝土杆及预应力混凝土杆的总称。

2.1.13 居民区 residential area

工业企业地区、港口、码头、火车站、城镇等人口密集区。

2.1.14 非居民区 non-residential area

第2.1.13条所述居民区以外地区,均属非居民区。

2.1.15 交通困难地区 difficult transport area

车辆、农业机械不能到达的地区。

2.1.16 间隙 electrical clearance

线路任何带电部分与接地部分的最小距离。

2.1.17 对地距离 ground clearance

在规定条件下,任何带电部分与地之间的最小距离。

2.1.18 保护角 shielding angle

通过地线的垂直平面与通过地线和被保护受雷击的导线的平面之间的夹角。

2.1.19 采动影响区 mining affected area

受矿产开采扰动影响的区域。

2.2 符 号

2.2.1 作用与作用效应

C——结构或构件的裂缝宽度或变形的规定限值;

f_a——修正后地基承载力特征值;

P——基础底面处的平均压应力设计值;

P_{max}——基础底面边缘的最大压应力设计值;

R——结构构件的抗力设计值;

S_{Ehk}——水平地震作用标准值的效应;

S_{EQK}——导、地线张力可变荷载的代表值效应;

S_{EVK}——竖向地震作用标准值的效应;

S_{GE}——永久荷载代表值的效应;

S_{GK}——永久荷载标准值的效应;

S_{QiK}——第 i 项可变荷载标准值的效应;

S_{WK}——风荷载标准值的效应;

T——绝缘子承受的最大使用荷载、断线荷载、断联荷载、验算荷载或常年荷载;

T_E——基础上拔或倾覆外力设计值;

T_{max}——导、地线在弧垂最低点的最大张力;

T_P——导、地线的拉断力;

T_R——绝缘子的额定机械破坏负荷;

V——基准高度为 10m 的风速;

W_I——绝缘子串风荷载标准值;

W_O——基准风压标准值;

W_S——杆塔风荷载标准值;

W_X——垂直于导线及地线方向的水平风荷载标准值;

γ_S——土的重度设计值;

γ_C——混凝土的重度设计值。

2.2.2 电工

n——海拔 1000m 时每联绝缘子所需片数；

n_H——高海拔地区每联绝缘子所需片数；

U——系统标称电压；

λ——爬电比距。

2.2.3 计算系数

B——覆冰时风荷载增大系数；

K_a——放电电压海拔修正系数；

K_c——导、地线的设计安全系数；

K_e——绝缘子爬电距离的有效系数；

k_i——悬垂绝缘子串系数；

K_1——绝缘子机械强度的安全系数；

m——海拔修正因子；

m_1——特征指数；

α——风压不均匀系数；

β_c——导线及地线风荷载调整系数；

β_z——杆塔风荷载调整系数；

μ_s——构件的体型系数；

μ_{sc}——导线或地线的体型系数；

μ_z——风压高度变化系数；

ψ——可变荷载组合系数；

ψ_{WE}——抗震基本组合中的风荷载组合系数；

γ_o——杆塔结构重要性系数；

γ_{Eh}——水平地震作用分项系数；

γ_{EV}——竖向地震作用分项系数；

γ_{EQ}——导、地线张力可变荷载的分项综合系数；

γ_G——永久荷载分项系数；

γ_{Qi}——第 i 项可变荷载的分项系数；

γ_{rf}——地基承载力调整系数；

γ_{RE}——承载力抗震调整系数；

γ_f——基础的附加分项系数。

2.2.4 几何参数

A_I——绝缘子串承受风压面积计算值；

A_S——构件承受风压的投影面积计算值；

D——导线水平线间距离；

D_p——导线间水平投影距离；

D_x——导线三角排列的等效水平线间距离；

D_z——导线间垂直投影距离；

d——导线或地线的外径或覆冰时的计算外径；分裂导线取所有子导线外径的总和；

f_c——导线最大弧垂；

H——海拔高度；

L——档距；

L_k——悬垂绝缘子串长度；

L_{ol}——单片悬式绝缘子的几何爬电距离；

L_p——杆塔的水平档距；

S——导线与地线间的距离；

θ——风向与导线或地线方向之间的夹角；

γ_k——几何参数的标准值。

3 路径选择

3.0.1 路径选择宜采用卫片、航片、全数字摄影测量系统和红外测量等新技术；在地质条件复杂地区，必要时宜采用地质遥感技术；综合考虑线路长度、地形地貌、地质、冰区、交通、施工、运行及地方规划等因素，进行多方案技术经济比较，做到安全可靠、环境友好、经济合理。

3.0.2 路径选择应避开军事设施、大型工矿企业及重要设施等，符合城镇规划。

3.0.3 路径选择宜避开不良地质地带和采动影响区，当无法避让时，应采取必要的措施；宜避开重冰区、导线易舞动区及影响安全运行的其他地区；宜避开原始森林、自然保护区和风景名胜区。

3.0.4 路径选择应考虑与电台、机场、弱电线路等邻近设施的相互影响。

3.0.5 路径选择宜靠近现有国道、省道、县道及乡镇公路，充分使用现有的交通条件，方便施工和运行。

3.0.6 大型发电厂和枢纽变电站的进出线、两回或多回路相邻线路应统一规划，在走廊拥挤地段宜采用同杆塔架设。

3.0.7 轻、中、重冰区的耐张段长度分别不宜大于10km、5km和3km，且单导线线路不宜大于5km。当耐张段长度较长时应采取防串倒措施。在高差或档距相差悬殊的山区或重冰区等运行条件较差的地段，耐张段长度应适当缩短。输电线路与主干铁路、高速公路交叉，应采用独立耐张段。

3.0.8 山区线路在选择路径和定位时，应注意控制使用档距和相应的高差，避免出现杆塔两侧大小悬殊的档距，当无法避免时应采取必要的措施,提高安全度。

3.0.9 有大跨越的输电线路,路径方案应结合大跨越的情况,通过综合技术经济比较确定。

4 气象条件

4.0.1 设计气象条件应根据沿线气象资料的数理统计结果及附近已有线路的运行经验确定,当沿线的气象与本规范附录 A 典型气象区接近时,宜采用典型气象区所列数值。基本风速、设计冰厚重现期应符合下列规定:

  1 750kV、500kV 输电线路及其大跨越重现期应取 50 年。

  2 110kV～330kV 输电线路及其大跨越重现期应取 30 年。

4.0.2 确定基本风速时,应按当地气象台、站 10min 时距平均的年最大风速为样本,并宜采用极值Ⅰ型分布作为概率模型,统计风速的高度应符合下列规定:

  1 110kV～750kV 输电线路统计风速应取离地面 10m。

  2 各级电压大跨越统计风速应取离历年大风季节平均最低水位 10m。

4.0.3 山区输电线路宜采用统计分析和对比观测等方法,由邻近地区气象台、站的气象资料推算山区的基本风速,并应结合实际运行经验确定。当无可靠资料时,宜将附近平原地区的统计值提高 10%。

4.0.4 110kV～330kV 输电线路的基本风速不宜低于 23.5m/s;500kV～750kV 输电线路的基本风速不宜低于 27m/s。必要时还宜按稀有风速条件进行验算。

4.0.5 轻冰区宜按无冰、5mm 或 10mm 覆冰厚度设计,中冰区宜按 15mm 或 20mm 覆冰厚度设计,重冰区宜按 20mm、30mm、40mm 或 50mm 覆冰厚度等设计,必要时还宜按稀有覆冰条件进行验算。

4.0.6 除无冰区段外,地线设计冰厚应较导线冰厚增加 5mm。

4.0.7 设计时应加强对沿线已建线路设计、运行情况的调查，并应考虑微地形、微气象条件以及导线易舞动地区的影响。

4.0.8 大跨越基本风速，当无可靠资料时，宜将附近陆上输电线路的风速统计值换算到跨越处历年大风季节平均最低水位以上10m处，并增加10%，考虑水面影响再增加10%后选用。大跨越基本风速不应低于相连接的陆上输电线路的基本风速。

4.0.9 大跨越设计冰厚，除无冰区段外，宜较附近一般输电线路的设计冰厚增加5mm。

4.0.10 设计用年平均气温应按下列规定取值：

1 当地区年平均气温在3℃～17℃时，宜取与年平均气温值邻近的5的倍数值。

2 当地区年平均气温小于3℃和大于17℃时，分别按年平均气温减少3℃和5℃后，取与此数邻近的5的倍数值。

4.0.11 安装工况风速应采用10m/s，覆冰厚度应采用无冰，同时气温应按下列规定取值：

1 最低气温为－40℃的地区，宜采用－15℃。

2 最低气温为－20℃的地区，宜采用－10℃。

3 最低气温为－10℃的地区，宜采用－5℃。

4 最低气温为－5℃的地区，宜采用0℃。

4.0.12 雷电过电压工况的气温宜采用15℃，当基本风速折算到导线平均高度处其值大于或等于35m/s时雷电过电压工况的风速宜取15m/s，否则取10m/s；校验导线与地线之间的距离时，应采用无风、无冰工况。

4.0.13 操作过电压工况的气温可采用年平均气温，风速宜取基本风速折算到导线平均高度处的风速的50%，但不宜低于15m/s，且应无冰。

4.0.14 带电作业工况的风速可采用10m/s，气温可采用15℃，覆冰厚度应采用无冰。

5 导线和地线

5.0.1 输电线路的导线截面,宜根据系统需要按照经济电流密度选择,也可根据系统输送容量,并应结合不同导线的材料结构进行电气和机械特性等比选,通过年费用最小法进行综合技术经济比较后确定。

5.0.2 输电线路的导线截面和分裂型式应满足电晕、无线电干扰和可听噪声等要求。当选用现行国家标准《圆线同心绞架空导线》GB/T 1179中的钢芯铝绞线时,海拔不超过1000m可不验算电晕的导线最小外径应符合表5.0.2的规定。

表5.0.2 可不验算电晕的导线最小外径

标称电压 (kV)	110	220	330	500			750		
导线外径 (mm)	9.60	21.60	33.60	2× 21.60	3× 17.10	2× 36.24	3× 26.82	4× 21.60	4× 36.90	5× 30.20	6× 25.50

5.0.3 大跨越的导线截面宜按允许载流量选择,其允许最大输送电流与陆上线路相配合,并通过综合技术经济比较确定。

5.0.4 海拔不超过1000m时,距输电线路边相导线投影外20m处且离地2m高且频率为0.5MHz时的无线电干扰限值应符合表5.0.4的规定。

表5.0.4 无线电干扰限值

标称电压(kV)	110	220~330	500	750
限值 dB(μV/m)	46	53	55	58

5.0.5 海拔不超过1000m时,距输电线路边相导线投影外20m处,湿导线条件下的可听噪声限值应符合表5.0.5的规定。

表 5.0.5 可听噪声限值

标称电压(kV)	110～750
限值 dB(A)	55

5.0.6 验算导线允许载流量时,导线的允许温度宜按下列规定取值:

  1 钢芯铝绞线和钢芯铝合金绞线宜采用70℃,必要时可采用80℃;大跨越宜采用90℃。

  2 钢芯铝包钢绞线和铝包钢绞线可采用80℃,大跨越可采用100℃,或经试验决定。

  3 镀锌钢绞线可采用125℃。

  注:环境气温宜采用最热月平均最高温度;风速采用 0.5m/s(大跨越采用 0.6m/s);太阳辐射功率密度采用 0.1W/cm²。

5.0.7 导、地线在弧垂最低点的设计安全系数不应小于2.5,悬挂点的设计安全系数不应小于2.25。地线的设计安全系数不应小于导线的设计安全系数。

5.0.8 导、地线在弧垂最低点的最大张力应按下式计算:

$$T_{\max} \leqslant \frac{T_p}{K_c} \quad (5.0.8)$$

式中:$T_{\max}$——导、地线在弧垂最低点的最大张力(N);

   T_P——导、地线的拉断力(N);

   K_c——导、地线的设计安全系数。

5.0.9 导、地线在稀有风速或稀有覆冰气象条件时,弧垂最低点的最大张力不应超过其导、地线拉断力的70%。悬挂点的最大张力,不应超过导、地线拉断力的77%。

5.0.10 地线(包括光纤复合架空地线)应满足电气和机械使用条件要求,可选用镀锌钢绞线或复合型绞线。验算短路热稳定时,地线的允许温度宜按下列规定取值:

  1 钢芯铝绞线和钢芯铝合金绞线可采用200℃。

  2 钢芯铝包钢绞线和铝包钢绞线可采用300℃。

3 镀锌钢绞线可采用400℃。
4 光纤复合架空地线的允许温度应采用产品试验保证值。

5.0.11 光纤复合架空地线的结构选型应考虑耐雷击性能,短路电流值和相应计算时间应根据系统情况确定。

5.0.12 地线采用镀锌钢绞线时与导线的配合宜符合表5.0.12的规定。

表5.0.12 地线采用镀锌钢绞线时与导线的配合

导线型号		LGJ-185/30 及以下	LGJ-185/45～ LGJ-400/35	LGJ-400/50 及以上
镀锌钢绞线最小标称截面(mm²)	无冰区段	35	50	80
	覆冰区段	50	80	100

注:500kV及以上输电线路无冰区段、覆冰区段地线采用镀锌钢绞线时最小标称截面应分别不小于80mm²、100mm²。

5.0.13 导、地线防振措施应符合下列规定:

1 铝钢截面比不小于4.29的钢芯铝绞线或镀锌钢绞线,其导、地线平均运行张力的上限和相应的防振措施,应符合表5.0.13的规定。当有多年运行经验时可不受表5.0.13的限制。

表5.0.13 导、地线平均运行张力的上限和相应的防振措施

情 况	平均运行张力的上限(拉断力的百分数)(%)		防振措施
	钢芯铝绞线	镀锌钢绞线	
档距不超过500m的开阔地区	16	12	不需要
档距不超过500m的非开阔地区	18	18	不需要
档距不超过120m	18	18	不需要
不论档距大小	22	—	护线条
不论档距大小	25	25	防振锤(阻尼线)或另加护线条

注:4分裂及以上导线采用阻尼间隔棒时,档距在500m及以下可不再采用其他防振措施。阻尼间隔棒宜不等距、不对称布置,导线最大次档距不宜大于70m,端次档距宜控制在28m～35m。

2 对本规范第5.0.13条第1款以外的导、地线,其允许平均运行张力的上限及相应的防振措施,应根据当地的运行经验确定,也可采用制造厂提供的技术资料,必要时通过试验确定。

3 大跨越导、地线的防振措施,宜采用防振锤、阻尼线或阻尼线加防振锤方案,同时分裂导线宜采用阻尼间隔棒,具体设计方案宜参考运行经验或通过试验确定。

5.0.14 线路经过导线易发生舞动地区时应采取或预留防舞措施。

5.0.15 导、地线架设后的塑性伸长,应按制造厂提供的数据或通过试验确定,塑性伸长对弧垂的影响宜采用降温法补偿。当无资料时,镀锌钢绞线的塑性伸长可采用1×10^{-4},并降低温度10℃补偿;钢芯铝绞线的塑性伸长及降温值可按表5.0.15的规定确定。

表5.0.15 钢芯铝绞线的塑性伸长及降温值

铝钢截面比	塑性伸长	降温值(℃)
4.29～4.38	3×10^{-4}	15
5.05～6.16	$3\times10^{-4}\sim4\times10^{-4}$	15～20
7.71～7.91	$4\times10^{-4}\sim5\times10^{-4}$	20～25
11.34～14.46	$5\times10^{-4}\sim6\times10^{-4}$	25(或根据试验数据确定)

注:对铝包钢绞线、大铝钢截面比的钢芯铝绞线或钢芯铝合金绞线应由制造厂家提供塑性伸长值或降温值。

6 绝缘子和金具

6.0.1 绝缘子机械强度的安全系数,应符合表6.0.1的规定。双联及多联绝缘子串应验算断一联后的机械强度,其荷载及安全系数按断联情况考虑。

表6.0.1 绝缘子机械强度的安全系数

情 况	最大使用荷载		常年荷载	验算	断线	断联
	盘型绝缘子	棒型绝缘子				
安全系数	2.7	3.0	4.0	1.5	1.8	1.5

绝缘子机械强度的安全系数 K_I 应按下式计算:

$$K_I = \frac{T_R}{T} \quad (6.0.1)$$

式中:T_R——绝缘子的额定机械破坏负荷(kN);

T——分别取绝缘子承受的最大使用荷载、断线荷载、断联荷载、验算荷载或常年荷载(kN)。

注:常年荷载是指年平均气温条件下绝缘子所承受的荷载。验算荷载是验算条件下绝缘子所承受的荷载。断线的气象条件是无风、有冰、-5℃,断联的气象条件是无风、无冰、-5℃。设计悬垂串时导、地线张力可按本规范第10.1节的规定取值。

6.0.2 采用黑色金属制造的金具表面应热镀锌或采取其他相应的防腐措施。

6.0.3 金具强度的安全系数应符合下列规定:

1 最大使用荷载情况不应小于2.5。

2 断线、断联、验算情况不应小于1.5。

6.0.4 330kV及以上线路的绝缘子串及金具应考虑均压和防电晕措施。有特殊要求需要另行研制或采用非标准金具时,应经试验合格后方可使用。

6.0.5 地线绝缘时宜使用双联绝缘子串。

6.0.6 当线路与直流输电工程接地极距离小于5km时地线(包括光纤复合架空地线)应绝缘,大于或等于5km时通过计算确定地线(包括光纤复合架空地线)是否绝缘。

6.0.7 与横担连接的第一个金具应转动灵活且受力合理,其强度应高于串内其他金具强度。

6.0.8 输电线路悬垂V型串两肢之间夹角的一半可比最大风偏角小5°～10°,或通过试验确定。

6.0.9 线路经过易舞动区应适当提高金具和绝缘子串的机械强度。

6.0.10 在易发生严重覆冰地区,宜增加绝缘子串长或采用V型串、八字串。

7 绝缘配合、防雷和接地

7.0.1 输电线路的绝缘配合,应满足线路在工频电压、操作过电压、雷电过电压等各种条件下安全可靠地运行。

7.0.2 在海拔高度1000m以下地区,操作过电压及雷电过电压要求的悬垂绝缘子串的绝缘子最少片数,应符合表7.0.2的规定。耐张绝缘子串的绝缘子片数应在表7.0.2的基础上增加,对110kV~330kV输电线路应增加1片,对500kV输电线路应增加2片,对750kV输电线路不需增加片数。

表7.0.2 操作过电压及雷电过电压要求悬垂绝缘子串的最少绝缘子片数

标称电压(kV)	110	220	330	500	750
单片绝缘子的高度(mm)	146	146	146	155	170
绝缘子片数(片)	7	13	17	25	32

7.0.3 全高超过40m有地线的杆塔,高度每增加10m,应比本规范表7.0.2增加1片相当于高度为146mm的绝缘子,全高超过100m的杆塔,绝缘子片数应根据运行经验结合计算确定。由于高杆塔而增加绝缘子片数时,雷电过电压最小间隙也应相应增大;750kV杆塔全高超过40m时,可根据实际情况进行验算,确定是否需要增加绝缘子片数和间隙。

7.0.4 绝缘配置应以审定的污区分布图为基础,结合线路附近的污秽和发展情况,综合考虑环境污秽变化因素,选择合适的绝缘子型式和片数,并适当留有裕度。

7.0.5 绝缘配合设计可采用爬电比距法,也可采用污耐压法,选择合适的绝缘子型式和片数。当采用爬电比距法时,绝缘子片数应按下式计算:

$$n \geqslant \frac{\lambda U}{K_e L_{o1}} \quad (7.0.5)$$

式中：n——海拔 1000m 时每联绝缘子所需片数；

λ——爬电比距(cm/kV)；

U——系统标称电压(kV)；

L_{o1}——单片悬式绝缘子的几何爬电距离(cm)；

K_e——绝缘子爬电距离的有效系数，主要由各种绝缘子几何爬电距离在试验和运行中污秽耐压的有效性来确定；并以 XP-70、XP-160 型绝缘子为基础，其 K_e 值取为 1。

7.0.6 通过污秽地区的输电线路，耐张绝缘子串的片数按本规范第 7.0.3 条的规定选择并已达到本规范第 7.0.2 条的规定片数时，可不再比悬垂绝缘子串增加。同一污区，其爬电比距根据运行经验较悬垂绝缘子串可适当减少。

7.0.7 在轻、中污区复合绝缘子的爬电距离不宜小于盘型绝缘子；在重污区其爬电距离不应小于盘型绝缘子最小要求值的 3/4 且不应小于 2.8 cm/kV；用于 220kV 及以上输电线路复合绝缘子两端都应加均压环，其有效绝缘长度需满足雷电过电压的要求。

7.0.8 高海拔地区悬垂绝缘子串的片数，宜按下式计算：

$$n_H = n e^{0.1215 m_1 (H-1000)/1000} \quad (7.0.8)$$

式中：n_H——高海拔地区每联绝缘子所需片数；

H——海拔高度(m)；

m_1——特征指数，它反映气压对于污闪电压的影响程度，由试验确定。各种绝缘子 m_1 可按本规范附录 C 的规定取值。

7.0.9 在海拔不超过 **1000m** 的地区，在相应风偏条件下，带电部分与杆塔构件（包括拉线、脚钉等）的最小间隙，应符合表 **7.0.9-1** 和表 **7.0.9-2** 的规定。

表 7.0.9-1 110kV~500kV 带电部分与杆塔构件
（包括拉线、脚钉等）的最小间隙(m)

标称电压(kV)	110	220	330	500	
工频电压	0.25	0.55	0.90	1.20	1.30
操作过电压	0.70	1.45	1.95	2.50	2.70
雷电过电压	1.00	1.90	2.30	3.30	3.30

表 7.0.9-2 750kV 带电部分与杆塔构件
（包括拉线、脚钉等）的最小间隙(m)

标称电压(kV)		750	
海拔高度(m)		500	1000
工频电压	I串	1.80	1.90
操作过电压	边相I串	3.80	4.00
	中相V串	4.60	4.80
雷电过电压		4.20(或按绝缘子串放电电压的0.80配合)	

注：1 按雷电过电压和操作过电压情况校验间隙时的相应气象条件，可按本规范附录A的规定取值。

2 按运行电压情况校验间隙时风速采用基本风速修正至相应导线平均高度处的值及相应气温。

3 当因高海拔而需增加绝缘子数量时，雷电过电压最小间隙也应相应增大。

4 500kV空气间隙栏，左侧数据适合于海拔高度不超过500m地区；右侧是用于超过500m但不超过1000m的地区。

7.0.10 在海拔高度1000m以下地区，带电作业时，带电部分对杆塔与接地部分的校验间隙应符合表7.0.10的规定。

表 7.0.10 带电部分对杆塔与接地部分的校验间隙

标称电压(kV)	110	220	330	500	750
校验间隙(m)	1.00	1.80	2.20	3.20	4.00/4.30（边相I型串/中相V型串）

注：1 对操作人员需要停留工作的部位，还应考虑人体活动范围0.5m。

2 校验带电作业的间隙时，应采用下列计算条件：气温15℃，风速10m/s。

7.0.11 海拔高度不超过1000m的地区,在塔头结构布置时,相间操作过电压相间最小间隙和档距中考虑导线风偏工频电压和操作过电压相间最小间隙,宜符合表7.0.11的规定。

表7.0.11 工频电压和操作过电压相间最小间隙(m)

标称电压(kV)		110	220	330	500	750
工频电压		0.50	0.90	1.60	2.20	2.80
操作过电压	塔头	1.20	2.40	3.40	5.20	7.70*
	档距中	1.10	2.10	3.00	4.60	5.40

注:*表示操作过电压相间最小间隙为单回路紧凑型模拟塔头试验值。

7.0.12 空气放电电压海拔修正系数 K_a,可按下式计算:

$$K_a = e^{mH/8150} \tag{7.0.12}$$

式中:H——海拔高度(m);

m——海拔修正因子,工频、雷电电压海拔修正因子 $m=1.0$;操作过电压海拔修正因子可按海拔修正因子 m 与电压的关系(图7.0.12)中的曲线 a、c 取值。

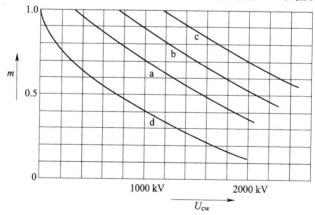

图7.0.12 海拔修正因子 m 与电压的关系
a—相对地绝缘;b—纵向绝缘;c—相间绝缘;d—棒-板间隙

7.0.13 输电线路的防雷设计,应根据线路电压、负荷性质和系统运行方式,结合当地已有线路的运行经验,地区雷电活动的强弱、地形地貌特点及土壤电阻率高低等情况,在计算耐雷水平后,通过技术经济比较,采用合理的防雷方式,应符合下列规定:

1 110kV输电线路宜沿全线架设地线,在年平均雷暴日数不超过15d或运行经验证明雷电活动轻微的地区,可不架设地线。无地线的输电线路,宜在变电站或发电厂的进线段架设1km~2km地线。

2 220kV~330kV输电线路应沿全线架设地线,年平均雷暴日数不超过15d的地区或运行经验证明雷电活动轻微的地区,可架设单地线,山区宜架设双地线。

3 500kV~750kV输电线路应沿全线架设双地线。

7.0.14 杆塔上地线对边导线的保护角,应符合下列要求:

1 对于单回路,330kV及以下线路的保护角不宜大于15°,500kV~750kV线路的保护角不宜大于10°。

2 对于同塔双回或多回路,110kV线路的保护角不宜大于10°,220kV及以上线路的保护角均不宜大于0°。

3 单地线线路不宜大于25°。

4 对重覆冰线路的保护角可适当加大。

7.0.15 杆塔上两根地线之间的距离,不应超过地线与导线间垂直距离的5倍。在一般档距的档距中央,导线与地线间的距离,应按下式计算:

$$S \geqslant 0.012L + 1 \qquad (7.0.15)$$

式中:S——导线与地线间的距离(m);

L——档距(m)。

注:计算条件:气温15℃,无风、无冰。

7.0.16 有地线的杆塔应接地。在雷季干燥时,每基杆塔不连地线的工频接地电阻,不宜大于表7.0.16规定的数值。土壤电阻率较低的地区,当杆塔的自然接地电阻不大于表7.0.16所列数值时,可不装设人工接地体。

表 7.0.16　有地线的线路杆塔不连地线的工频接地电阻

土壤电阻率(Ω·m)	≤100	100~500	500~1000	1000~2000	>2000
工频接地电阻(Ω)	10	15	20	25	30*

注：* 如土壤电阻率超过2000Ω·m，接地电阻很难降到30Ω时，可采用6根~8根总长不超过500m的放射形接地体或连续伸长接地体，其接地电阻不受限制。

7.0.17　中性点非直接接地系统在居民区的无地线钢筋混凝土杆和铁塔应接地，其接地电阻不应超过30Ω。

7.0.18　线路经过直流接地极附近时，要考虑接地极对铁塔、基础的影响。

7.0.19　钢筋混凝土杆的铁横担、地线支架、爬梯等铁附件与接地引下线应有可靠的电气连接，并应符合下列规定：

1　利用钢筋兼作接地引下线的钢筋混凝土电杆，其钢筋与接地螺母、铁横担或地线支架之间应有可靠的电气连接。

2　外敷的接地引下线可采用镀锌钢绞线，其截面应按热稳定要求选取，且不应小于25mm²。

3　接地体引出线的截面不应小于50mm²并应进行热稳定验算，引出线表面应进行有效的防腐处理。

7.0.20　通过耕地的输电线路，其接地体应埋设在耕作深度以下。位于居民区和水田的接地体应敷设成环形。

7.0.21　采用绝缘地线时，应限制地线上的电磁感应电压和电流，并选用可靠的地线间隙，以保证绝缘地线的安全运行。对绝缘地线长期通电的接地引线和接地装置，应校验其热稳定，并应设置人身安全的防护措施。

7.0.22　当输电线路与弱电线路交叉时，交叉档弱电线路的木质电杆应有防雷措施。

8 导线布置

8.0.1 导线的线间距离应结合运行经验确定,并应符合下列规定:

1 对1000m以下档距,水平线间距离宜按下式计算:

$$D = k_i L_k + \frac{U}{110} + 0.65\sqrt{f_c} \qquad (8.0.1\text{-}1)$$

式中:k_i——悬垂绝缘子串系数,宜符合表8.0.1-1规定的数值;
   D——导线水平线间距离(m);
   L_k——悬垂绝缘子串长度(m);
   U——系统标称电压(kV);
   f_c——导线最大弧垂(m)。

注:一般情况下,使用悬垂绝缘子串的杆塔,其水平线间距离与档距的关系,可按本规范附录D的规定取值。

表8.0.1-1 k_i 系数

悬垂绝缘子串型式	Ⅰ-Ⅰ串	Ⅰ-V串	V-V串
k_i	0.4	0.4	0

2 导线垂直排列的垂直线间距离,宜采用公式(8.0.1-1)计算结果的75%。使用悬垂绝缘子串的杆塔的最小垂直线间距离宜符合表8.0.1-2的规定。

表8.0.1-2 使用悬垂绝缘子串杆塔的最小垂直线间距离

标称电压(kV)	110	220	330	500	750
垂直线间距离(m)	3.5	5.5	7.5	10.0	12.5

3 导线三角排列的等效水平线间距离,宜按下式计算:

$$D_x = \sqrt{D_p^2 + (4/3 D_z)^2} \qquad (8.0.1\text{-}2)$$

式中:D_x——导线三角排列的等效水平线间距离(m);

D_p——导线间水平投影距离(m);

D_z——导线间垂直投影距离(m)。

8.0.2 如无运行经验,覆冰地区上下层相邻导线间或地线与相邻导线间的最小水平偏移,宜符合表8.0.2的规定。

表8.0.2 上下层相邻导线间或地线与相邻导线间的最小水平偏移(m)

标称电压(kV)	110	220	330	500	750
设计冰厚10(mm)	0.5	1.0	1.5	1.75	2.0

注:无冰区可不考虑水平偏移。设计冰厚5mm地区,上下层相邻导线间或地线与相邻导线间的水平偏移,可根据运行经验参照表8.0.2适当减少。

8.0.3 双回路及多回路杆塔不同回路的不同相导线间的水平或垂直距离,应按本规范第8.0.1条的规定增加0.5m。

8.0.4 线路换位宜符合下列规定:

1 中性点直接接地的电力网,长度超过100km的输电线路宜换位。换位循环长度不宜大于200km。一个变电站某级电压的每回出线虽小于100km,但其总长度超过200km,可采用换位或变换各回输电线路的相序排列的措施来平衡不对称电流。

2 中性点非直接接地电力网,为降低中性点长期运行中的电位,可用换位或变换输电线路相序排列的方法来平衡不对称电容电流。

3 对于Ⅱ接线路应校核不平衡度,必要时进行换位。

9 杆塔型式

9.0.1 杆塔类型宜符合下列规定：

1 杆塔按其受力性质，宜分为悬垂型、耐张型杆塔。悬垂型杆塔宜分为悬垂直线和悬垂转角杆塔；耐张型杆塔宜分为耐张直线、耐张转角和终端杆塔。

2 杆塔按其回路数，应分为单回路、双回路和多回路杆塔。单回路导线既可水平排列，也可三角排列或垂直排列；双回路和多回路杆塔导线可按垂直排列，必要时可考虑水平和垂直组合方式排列。

9.0.2 杆塔的外形规划与构件布置应按照导线和地线排列方式，并应以结构简单、受力均衡、传力清晰、外形美观为原则，同时应结合占地范围、杆塔材料、运行维护、施工方法、制造工艺等因素在充分进行设计优化的基础上选取技术先进、经济合理的设计方案。

9.0.3 杆塔使用宜遵守以下原则：

1 对不同类型杆塔的选用，应依据线路路径特点，按照安全可靠、经济合理、维护方便和有利于环境保护的原则进行。

2 在平地和丘陵等便于运输和施工的非农田和非繁华地段，可因地制宜地采用拉线杆塔和钢筋混凝土杆。

3 对于山区线路杆塔，应依据地形特点，配合不等高基础，采用全方位长短腿结构形式。

4 对于线路走廊拆迁或清理费用高以及走廊狭窄的地带，宜采用导线三角形或垂直排列的杆塔，并考虑 V 型、Y 型和 L 型绝缘子串使用的可能性，在满足安全性和经济性的基础上减小线路走廊宽度。轻、中冰区线路宜结合远景规划，采用双回路或多回路杆塔；重冰区线路宜采用单回路导线水平排列的杆塔；城区或市郊线路可采用钢管杆。

5 对于悬垂直线杆塔,当需要兼小角度转角,且不增加杆塔头部尺寸时,其转角度数不宜大于3°。悬垂转角杆塔的转角度数,对330kV及以下线路杆塔不宜大于10°;对500kV及以上线路杆塔不宜大于20°。

10 杆塔荷载及材料

10.1 杆塔荷载

10.1.1 荷载分类宜符合下列要求：

1 永久荷载：导线及地线、绝缘子及其附件、杆塔结构、各种固定设备、基础以及土体等的重力荷载；拉线或纤绳的初始张力、土压力及预应力等荷载。

2 可变荷载：风和冰（雪）荷载；导线、地线及拉线的张力；安装检修的各种附加荷载；结构变形引起的次生荷载以及各种振动动力荷载。

10.1.2 杆塔的作用荷载宜分为横向荷载、纵向荷载和垂直荷载。

10.1.3 各类杆塔均应计算线路正常运行情况、断线情况、不均匀覆冰情况和安装情况下的荷载组合，必要时尚应验算地震等罕见情况。

10.1.4 各类杆塔的正常运行情况，应计算下列荷载组合：

1 基本风速、无冰、未断线（包括最小垂直荷载和最大水平荷载组合）。

2 设计覆冰、相应风速及气温、未断线。

3 最低气温、无冰、无风、未断线（适用于终端和转角杆塔）。

10.1.5 悬垂型杆塔（不含大跨越悬垂型杆塔）的断线情况，应按-5℃、有冰、无风的气象条件，计算下列荷载组合：

1 对单回路杆塔，单导线断任意一相导线（分裂导线任意一相导线有纵向不平衡张力），地线未断；断任意一根地线，导线未断。

2 对双回路杆塔，同一档内，单导线断任意两相导线（分裂导线任意两相导线有纵向不平衡张力);同一档内,断一根地线,单导线断任意一相导线(分裂导线任意一相导线有纵向不平衡张力)。

3 对多回路杆塔,同一档内,单导线断任意三相导线(分裂导线任意三相导线有纵向不平衡张力);同一档内,断一根地线,单导线断任意两相导线(分裂导线任意两相导线有纵向不平衡张力)。

10.1.6 耐张型杆塔的断线情况应按−5℃、有冰、无风的气象条件,计算下列荷载组合:

1 对单回路和双回路杆塔,同一档内,单导线断任意两相导线(分裂导线任意两相导线有纵向不平衡张力)、地线未断;同一档内,断任意一根地线,单导线断任意一相导线(分裂导线任意一相导线有纵向不平衡张力)。

2 对多回路塔,同一档内,单导线断任意三相导线(分裂导线任意三相导线有纵向不平衡张力)、地线未断;同一档内,断任意一根地线,单导线断任意两相导线(分裂导线任意两相导线有纵向不平衡张力)。

10.1.7 10mm及以下冰区导、地线断线张力(或分裂导线纵向不平衡张力)的取值应符合表10.1.7规定的导、地线最大使用张力的百分数,垂直冰荷载取100%设计覆冰荷载。

表10.1.7 10mm及以下冰区导、地线断线张力
(或分裂导线纵向不平衡张力)(%)

地形	地线	悬垂塔导线			耐张塔导线	
		单导线	双分裂导线	双分裂以上导线	单导线	双分裂及以上导线
平丘	100	50	25	20	100	70
山地	100	50	30	25	100	70

10.1.8 10mm冰区不均匀覆冰情况的导、地线不平衡张力的取值应符合表10.1.8规定的导、地线最大使用张力的百分数。垂直冰荷载按75%设计覆冰荷载计算。相应的气象条件按−5℃、10m/s风速的气象条件计算。

表 10.1.8 不均匀覆冰情况的导、地线不平衡张力(%)

悬垂型杆塔		耐张型杆塔	
导线	地线	导线	地线
10	20	30	40

10.1.9 各类杆塔均应考虑所有导、地线同时同向有不均匀覆冰的不平衡张力。

10.1.10 各类杆塔在断线情况下的断线张力(分裂导线纵向不平衡张力),以及不均匀覆冰情况下的不平衡张力均应按静态荷载计算。

10.1.11 防串倒的加强型悬垂型杆塔,除按常规悬垂型杆塔工况计算外,还应按所有导、地线同侧有断线张力(分裂导线纵向不平衡张力)计算。

10.1.12 各类杆塔的验算覆冰荷载情况,按验算冰厚、$-5℃$、10m/s 风速,所有导、地线同时同向有不平衡张力。

10.1.13 各类杆塔的安装情况,应按 10m/s 风速、无冰、相应气温的气象条件下考虑下列荷载组合:

  1 悬垂型杆塔的安装荷载应符合下列规定:
    1)提升导、地线及其附件时的作用荷载。包括提升导、地线、绝缘子和金具等重量(一般按 2.0 倍计算)、安装工人和工具的附加荷载,应考虑动力系数 1.1,附加荷载标准值宜符合表 10.1.13 的规定。

表 10.1.13 附加荷载标准值(kN)

电压(kV)	导 线		地 线	
	悬垂型杆塔	耐张型杆塔	悬垂型杆塔	耐张型杆塔
110	1.5	2.0	1.0	1.5
220~330	3.5	4.5	2.0	2.0
500~750	4.0	6.0	2.0	2.0

    2)导线及地线锚线作业时的作用荷载。锚线对地夹角不

宜大于20°,正在锚线相的张力应考虑动力系数1.1。挂线点垂直荷载取锚线张力的垂直分量和导、地线重力和附加荷载之和,纵向不平衡张力分别取导、地线张力与锚线张力纵向分量之差。

2 耐张型杆塔的安装荷载应符合下列规定:
  1) 导线及地线荷载:
    锚塔:锚地线时,相邻档内的导线及地线均未架设;锚导线时,在同档内的地线已架设。
    紧线塔:紧地线时,相邻档内的地线已架设或未架设,同档内的导线均未架设;紧导线时,同档内的地线已架设,相邻档内的导、地线已架设或未架设。
  2) 临时拉线所产生的荷载:锚塔和紧线塔均允许计及临时拉线的作用,临时拉线对地夹角不应大于45°,其方向与导、地线方向一致,临时拉线一般可平衡导、地线张力的30%。500kV及以上杆塔,对4分裂导线的临时拉线按平衡导线张力标准值30kN考虑,6分裂及以上导线的临时拉线按平衡导线张力标准值40kN考虑,地线临时拉线按平衡地线张力标准值5kN考虑。
  3) 紧线牵引绳产生的荷载:紧线牵引绳对地夹角宜按不大于20°考虑,计算紧线张力时应计及导、地线的初伸长、施工误差和过牵引的影响。
  4) 安装时的附加荷载:宜按本规范表10.1.13的规定取值。

3 导、地线的架设次序,宜考虑自上而下地逐相(根)架设。对于双回路及多回路杆塔,应按实际需要,可考虑分期架设的情况。

4 与水平面夹角不大于30°且可以上人的铁塔构件,应能承受设计值1000N人重荷载,且不应与其他荷载组合。

10.1.14 终端杆塔应计及变电站(或升压站)一侧导线及地线已

架设或未架设的情况。

10.1.15 计算曲线型铁塔时,应考虑沿高度方向不同时出现最大风速的不利情况。

10.1.16 位于地震烈度为 7 度及以上地区的混凝土高塔和位于地震烈度为 9 度及以上地区的各类杆塔均应进行抗震验算。

10.1.17 外壁坡度小于 2‰ 的圆筒形结构或圆管构件,应根据雷诺数 Re 的不同情况进行横风向风振(旋涡脱落)校核。

10.1.18 导线及地线的水平风荷载标准值和基准风压标准值,应按下式计算:

$$W_X = \alpha \cdot W_O \cdot \mu_z \cdot \mu_{sc} \cdot \beta_c \cdot d \cdot L_p \cdot B \cdot \sin^2\theta$$

(10.1.18-1)

$$W_O = V^2/1600 \qquad (10.1.18-2)$$

式中:W_X——垂直于导线及地线方向的水平风荷载标准值(kN);

α——风压不均匀系数,应根据设计基本风速,按表 10.1.18-1 的规定确定,当校验杆塔电气间隙时,α 随水平档距变化取值按表 10.1.18-2 的规定确定;

β_c——500kV 和 750kV 线路导线及地线风荷载调整系数,仅用于计算作用于杆塔上的导线及地线风荷载(不含导线及地线张力弧垂计算和风偏角计算),β_c 应按表 10.1.18-1 的规定确定,其他电压级的线路 β_c 取 1.0;

μ_z——风压高度变化系数,基准高度为 10m 的风压高度变化系数按表 10.1.22 的规定确定;

μ_{sc}——导线或地线的体型系数,线径小于 17mm 或覆冰时(不论线径大小)应取 $\mu_{sc} = 1.2$;线径大于或等于 17mm,μ_{sc} 取 1.1;

d——导线或地线的外径或覆冰时的计算外径;分裂导线取所有子导线外径的总和(m);

L_p——杆塔的水平档距(m);

B——覆冰时风荷载增大系数,5mm 冰区取 1.1,10mm 冰区取 1.2;

θ——风向与导线或地线方向之间的夹角(°);

W_O——基准风压标准值(kN/m^2);

V——基准高度为 10m 的风速(m/s)。

表 10.1.18-1 风压不均匀系数 α 和导地线风荷载调整系数 β_c

	风速 V(m/s)	<20	20≤V<27	27≤V<31.5	≥31.5
α	计算杆塔荷载	1.00	0.85	0.75	0.70
	设计杆塔(风偏计算用)	1.00	0.75	0.61	0.61
β_c	计算 500kV、750kV 杆塔荷载	1.00	1.10	1.20	1.30

注:对跳线计算,α 宜取 1.0。

表 10.1.18-2 风压不均匀系数 α 随水平档距变化取值

水平档距(m)	≤200	250	300	350	400	450	500	≥550
α	0.80	0.74	0.70	0.67	0.65	0.63	0.62	0.61

10.1.19 杆塔风荷载的标准值,应按下式计算:

$$W_S = W_O \cdot \mu_z \cdot \mu_s \cdot \beta_z \cdot B \cdot A_S \quad (10.1.19)$$

式中:W_S——杆塔风荷载标准值(kN);

μ_s——构件的体型系数;

A_S——构件承受风压的投影面积计算值(m^2);

β_z——杆塔风荷载调整系数。

10.1.20 杆塔风荷载调整系数 β_z 应符合下列规定:

1 杆塔设计时,当杆塔全高不超过 60m,杆塔风荷载调整系数 β_z(用于杆塔本身)应按表 10.1.20 的规定对全高采用一个系数;当杆塔全高超过 60m,杆塔风荷载调整系数 β_z 应按现行国家标准《建筑结构荷载规范》GB 50009 采用由下到上逐段增大的数值,但其加权平均值对自立式铁塔不应小于 1.6,对单柱拉线杆塔不应小于 1.8。

2 设计基础时,当杆塔全高不超过60m,杆塔风荷载调整系数 β_z 应取1.0;当杆塔全高超过60m,宜采用由下到上逐段增大的数值,但其加权平均值对自立式铁塔不应小于1.3。

表10.1.20 杆塔风荷载调整系数 β_z(用于杆塔本身)

杆塔全高 H(m)		20	30	40	50	60
β_z	单柱拉线杆塔	1.0	1.4	1.6	1.7	1.8
	其他杆塔	1.0	1.25	1.35	1.5	1.6

注:1 中间值按插入法计算。
　　2 对自立式铁塔,表中数值适用于高度与根开之比为4～6。

10.1.21 绝缘子串风荷载的标准值,应按下式计算:

$$W_I = W_O \cdot \mu_z \cdot B \cdot A_I \qquad (10.1.21)$$

式中:W_I——绝缘子串风荷载标准值(kN);
　　　A_I——绝缘子串承受风压面积计算值(m^2)。

10.1.22 对于平坦或稍有起伏的地形,风压高度变化系数应根据地面粗糙度类别按表10.1.22的规定确定。

表10.1.22 风压高度变化系数 μ_z

离地面或海平面高度(m)	地面粗糙度类别			
	A	B	C	D
5	1.17	1.00	0.74	0.62
10	1.38	1.00	0.74	0.62
15	1.52	1.14	0.74	0.62
20	1.63	1.25	0.84	0.62
30	1.80	1.42	1.00	0.62
40	1.92	1.56	1.13	0.73
50	2.03	1.67	1.25	0.84
60	2.12	1.77	1.35	0.93
70	2.20	1.86	1.45	1.02
80	2.27	1.95	1.54	1.11
90	2.34	2.02	1.62	1.19

续表 10.1.22

离地面或海平面高度(m)	地面粗糙度类别			
	A	B	C	D
100	2.40	2.09	1.70	1.27
150	2.64	2.38	2.03	1.61
200	2.83	2.61	2.30	1.92
250	2.99	2.80	2.54	2.19
300	3.12	2.97	2.75	2.45
350	3.12	3.12	2.94	2.68
400	3.12	3.12	3.12	2.91
≥450	3.12	3.12	3.12	3.12

注:地面粗糙度类别:A类指近海面和海岛、海岸、湖岸及沙漠地区;B类指田野、乡村、丛林、丘陵以及房屋比较稀疏的乡镇和城市郊区;C类指有密集建筑群的城市市区;D类指有密集建筑群且房屋较高的城市市区。

10.2 结构材料

10.2.1 钢材的材质应根据结构的重要性、结构形式、连接方式、钢材厚度和结构所处的环境及气温等条件进行合理选择。钢材等级宜采用 Q235、Q345、Q390 和 Q420,有条件时也可采用 Q460。钢材的质量应分别符合现行国家标准《碳素结构钢》GB/T 700 和《低合金高强度结构钢》GB/T 1591 的规定。

10.2.2 所有杆塔结构的钢材均应满足不低于 B 级钢的质量要求。当采用 40mm 及以上厚度的钢板焊接时,应采取防止钢材层状撕裂的措施。

10.2.3 结构连接宜采用 4.8 级、5.8 级、6.8 级、8.8 级热浸镀锌螺栓,有条件时也可使用 10.9 级螺栓,其材质和机械特性应分别符合现行国家标准《紧固件机械性能 螺栓、螺钉和螺柱》GB/T 3098.1 和《紧固件机械性能 螺母 粗牙螺纹》GB/T 3098.2 的有关规定。

10.2.4 环形断面的普通混凝土杆及预应力混凝土杆的钢筋,宜符合下列规定:

1 普通钢筋宜采用 HRB400 级和 HRB335 级钢筋,也可采用 HPB235 级和 RRB400 级钢筋。

2 预应力钢筋宜采用预应力钢丝,也可采用热处理钢筋。

10.2.5 环形断面的普通混凝土杆和预应力混凝土杆的混凝土强度等级应分别不低于 C40 和 C50,其他混凝土预制构件不应低于 C20。混凝土和钢筋的强度标准值和设计值以及各项物理特性指标,应按现行国家标准《混凝土结构设计规范》GB 50010 的有关规定确定。

10.2.6 钢材、螺栓和锚栓的强度设计值,应按表 10.2.6 的规定确定。

表 10.2.6　钢材、螺栓和锚栓的强度设计值(N/mm²)

材料	类别	厚度或直径(mm)	抗拉	抗压和抗弯	抗剪	孔壁承压*
钢材	Q235	≤16	215	215	125	370
		>16～40	205	205	120	
		>40～60	200	200	115	
		>60～100	190	190	110	
	Q345	≤16	310	310	180	510
		>16～35	295	295	170	490
		>35～50	265	265	155	440
		>50～100	250	250	145	415
	Q390	≤16	350	350	205	530
		>16～35	335	335	190	510
		>35～50	315	315	180	480
		>50～100	295	295	170	450

续表10.2.6

材料	类别	厚度或直径（mm）	抗拉	抗压和抗弯	抗剪	孔壁承压*
钢材	Q420	≤16	380	380	220	560
		>16~35	360	360	210	535
		>35~50	340	340	195	510
		>50~100	325	325	185	480
镀锌粗制螺栓（C级）	4.8级	标称直径 $D \leq 39$	200	—	170	420
	5.8级	标称直径 $D \leq 39$	240		210	520
	6.8级	标称直径 $D \leq 39$	300		240	螺杆承压 600
	8.8级	标称直径 $D \leq 39$	400		300	800
锚栓	Q235钢	外径≥16	160	—	—	—
	Q345钢	外径≥16	205	—	—	—
	35号优质碳素钢	外径≥16	190	—	—	—
	45号优质碳素钢	外径≥16	215	—	—	—

注：1 *适用于构件上螺栓端距大于或等于 $1.5D_B$（D_B 螺栓直径）。
　　2 8.8级高强度螺栓应具有A类（塑性性能）和B类（强度）试验项目的合格证明。

10.2.7 拉线宜采用镀锌钢绞线，其强度设计值，应按表10.2.7的规定确定。

表10.2.7 镀锌钢绞线强度设计值（N/mm²）

整根钢绞线抗拉强度设计值 股数	热镀锌钢丝抗拉强度标准值				
	1175	1270	1370	1470	1570
7股	690	745	800	860	920
19股	670	720	780	840	900

注：1 整根钢绞线的拉力设计值等于总面积与强度设计值的乘积。
　　2 强度设计值中已计入了换算系数：7股0.92,19股0.90。

10.2.8 拉线金具的强度设计值,应取国家标准金具的强度标准值或特殊设计金具的最小试验破坏强度值除以1.8的抗力分项系数确定。

11 杆塔结构

11.1 基本计算规定

11.1.1 杆塔结构设计应采用以概率理论为基础的极限状态设计法,结构构件的可靠度采用可靠指标度量,极限状态设计表达式采用荷载标准值、材料性能标准值、几何参数标准值以及各种分项系数等表达。

11.1.2 结构的极限状态应满足线路安全运行的临界状态。极限状态分为承载力极限状态和正常使用极限状态,应符合下列规定:

1 承载力极限状态。这种极限状态对应于结构或构件达到最大承载力或不适合继续承载的变形。

2 正常使用极限状态。这种极限状态对应于结构或构件的变形或裂缝等达到正常使用或耐久性能的规定限值。

11.1.3 结构或构件的强度、稳定和连接强度,应按承载力极限状态的要求,采用荷载的设计值和材料强度的设计值进行计算;结构或构件的变形或裂缝,应按正常使用极限状态的要求,采用荷载的标准值和正常使用规定限值进行计算。

11.2 承载能力和正常使用极限状态计算表达式

11.2.1 结构或构件的承载力极限状态,应按以下公式计算:

$$\gamma_0(\gamma_G \cdot S_{GK} + \psi \sum \gamma_{Qi} \cdot S_{QiK}) \leqslant R \quad (11.2.1)$$

式中:γ_0——杆塔结构重要性系数,重要线路不应小于1.1,临时线路取0.9,其他线路取1.0;

γ_G——永久荷载分项系数,对结构受力有利时不大于1.0,不利时取1.2;

γ_{Qi}——第 i 项可变荷载的分项系数,取 1.4;

S_{GK}——永久荷载标准值的效应;

S_{QiK}——第 i 项可变荷载标准值的效应;

ψ——可变荷载组合系数,正常运行情况取 1.0,断线情况、安装情况和不均匀覆冰情况取 0.9,验算情况取 0.75;

R——结构构件的抗力设计值。

11.2.2 结构或构件的正常使用极限状态,应按以下公式计算:

$$S_{GK} + \psi \sum S_{QiK} \leqslant C \qquad (11.2.2)$$

式中:C——结构或构件的裂缝宽度或变形的规定限值(mm)。

11.2.3 结构或构件承载力的抗震验算,应按以下公式计算:

$$\gamma_G \cdot S_{GE} + \gamma_{Eh} \cdot S_{Ehk} + \gamma_{EV} \cdot S_{EVK} + \gamma_{EQ} \cdot S_{EQK} + \psi_{WE} \cdot S_{WK} \leqslant R/\gamma_{RE}$$
$$(11.2.3)$$

式中:γ_G——永久荷载分项系数,对结构受力有利时取 1.0,不利时取 1.2,验算结构抗倾覆或抗滑移时取 0.9。

γ_{Eh}——水平地震作用分项系数,应按表 11.2.3-1 的规定确定;

γ_{EV}——竖向地震作用分项系数,应按表 11.2.3-1 的规定确定;

γ_{EQ}——导、地线张力可变荷载的分项综合系数,取 $\gamma_{EQ}=0.5$;

S_{GE}——永久荷载代表值的效应;

S_{Ehk}——水平地震作用标准值的效应;

S_{EVK}——竖向地震作用标准值的效应;

S_{EQK}——导、地线张力可变荷载的代表值效应;

S_{WK}——风荷载标准值的效应;

ψ_{WE}——抗震基本组合中的风荷载组合系数,可取 0.3;

γ_{RE}——承载力抗震调整系数,应按表 11.2.3-2 的规定确定。

表 11.2.3-1 水平、竖向地震作用分项系数

考虑地震作用的情况		γ_{Eh}	γ_{EV}
仅考虑水平地震作用		1.3	不考虑
仅考虑竖向地震作用		不考虑	1.3
同时考虑水平与竖向地震作用	水平地震作用为主时	1.3	0.5
	竖向地震作用为主时	0.5	1.3

表 11.2.3-2 承载力抗震调整系数

材料	结构构件	承载力抗震调整系数
钢	跨越塔	0.85
	除跨越塔以外的其他铁塔	0.80
	焊缝和螺栓	1.00
钢筋混凝土	跨越塔	0.90
	钢管混凝土杆塔	0.80
	钢筋混凝土杆	0.80
	各类受剪构件	0.85

11.3 杆塔结构基本规定

11.3.1 长期荷载效应组合(无冰、风速 5m/s 及年平均气温)情况,杆塔的计算挠度(不包括基础倾斜和拉线点位移),应符合表 11.3.1 的规定:

表 11.3.1 杆塔的计算挠度(不包括基础倾斜和拉线点位移)

项 目	杆塔的计算挠度限值
悬垂直线无拉线单根钢筋混凝土杆及钢管杆	$5h/1000$
悬垂直线自立式铁塔	$3h/1000$
悬垂直线拉线杆塔的杆(塔)顶	$4h/1000$
悬垂直线拉线杆塔,拉线点以下杆(塔)身	$2h_1/1000$
耐张塔及终端自立式铁塔	$7h/1000$

注:1 h 为杆塔最长腿基础顶面起至计算点的高度,h_1 为电杆拉线点至基础顶面的高度。

2 根据杆塔的特点,设计应提出施工预偏的要求。

11.3.2 在考虑荷载效应的标准组合作用下,普通和部分预应力混凝土构件正截面的裂缝控制等级为三级,计算裂缝的允许宽度分别为0.2mm及0.1mm。预应力混凝土构件正截面的裂缝控制等级为二级,一般要求不出现裂缝。

11.3.3 钢结构构件允许最大长细比应符合表11.3.3的规定:

表11.3.3 钢结构构件允许最大长细比

项 目	钢结构构件允许最大长细比
受压主材	150
受压材	200
辅助材	250
受拉材(预拉力的拉杆可不受长细比限制)	400

11.3.4 拉线杆塔主柱允许最大长细比应符合表11.3.4的规定:

表11.3.4 拉线杆塔主柱允许最大长细比

项 目	钢结构构件允许最大长细比
普通混凝土直线杆	180
预应力混凝土直线杆	200
耐张转角和终端杆	160
单柱拉线铁塔主柱	80
双柱拉线铁塔主柱	110

11.3.5 杆塔铁件应采用热浸镀锌防腐,或采用其他等效的防腐措施。腐蚀严重地区的拉线棒尚应采取其他有效的附加防腐措施。

11.3.6 受剪螺栓的螺纹不应进入剪切面。当无法避免螺纹进入剪切面时,应按净面积进行剪切强度验算。

11.3.7 受拉螺栓及位于横担、顶架等易振动部位的螺栓应采取防松措施。靠近地面的塔腿和拉线上的连接螺栓,宜采取防卸措施。

12 基 础

12.0.1 基础型式的选择,应综合考虑沿线地质、施工条件和杆塔型式等因素,并应符合下列要求:

1 有条件时,应优先采用原状土基础;一般情况下,铁塔可以选用现浇钢筋混凝土基础或混凝土基础;岩石地区可采用锚筋基础或岩石嵌固基础;软土地基可采用大板基础、桩基础或沉井等基础;运输或浇筑混凝土有困难的地区,可采用预制装配式基础或金属基础;电杆及拉线宜采用预制装配式基础。

2 山区线路应采用全方位长短腿铁塔和不等高基础配合使用的方案。

12.0.2 基础稳定、基础承载力采用荷载的设计值进行计算;地基的不均匀沉降、基础位移等采用荷载的标准值进行计算。

12.0.3 基础的上拔和倾覆稳定,应按以下公式计算:

$$\gamma_f \cdot T_E \leqslant A(\gamma_k 、\gamma_S 、\gamma_C \cdots) \quad (12.0.3)$$

式中: γ_f——基础的附加分项系数,应按表12.0.3的规定确定;

T_E——基础上拔或倾覆外力设计值;

$A(\gamma_k 、\gamma_S 、\gamma_C \cdots)$——基础上拔或倾覆的承载力函数;

γ_k——几何参数的标准值;

γ_S——土的重度设计值(取土的实际重度);

γ_C——混凝土的重度设计值(取混凝土的实际重度)。

表 12.0.3 基础的附加分项系数 γ_f

杆塔类型	上拔稳定		倾覆稳定
	重力式基础	其他各种类型基础	各类型基础
悬垂型杆塔	0.90	1.10	1.10
耐张直线(0°转角)及悬垂转角杆塔	0.95	1.30	1.30
耐张转角、终端及大跨越杆塔	1.10	1.60	1.60

12.0.4 基础底面压应力,应按以下公式计算:

1 当轴心荷载作用时:

$$P \leqslant f_a / \gamma_{rf} \qquad (12.0.4-1)$$

式中:P——基础底面处的平均压应力设计值;

f_a——修正后地基承载力特征值;

γ_{rf}——地基承载力调整系数,宜取 $\gamma_{rf}=0.75$。

2 偏心荷载作用时,除应按本规范公式(12.0.4-1)计算外,还应按下式计算:

$$P_{max} \leqslant 1.2 f_a / \gamma_{rf} \qquad (12.0.4-2)$$

式中:P_{max}——基础底面边缘的最大压应力设计值。

12.0.5 现浇基础的混凝土强度等级不应低于C20级。

12.0.6 岩石基础的地基应逐基鉴定。

12.0.7 基础的埋深应大于0.5m,在季节性冻土地区,当地基土具有冻胀性时应大于土壤的标准冻结深度,在多年冻土地区应符合现行行业标准《冻土地区建筑地基基础设计规范》JGJ 118 的有关要求。

12.0.8 跨越河流或位于洪泛区的基础,应收集水文地质资料,必要时考虑冲刷作用和漂浮物的撞击影响,并应采取相应的防护措施。

12.0.9 对位于地震烈度7度及以上地区的高杆塔基础及特殊重要的杆塔基础、8度及以上地区的220kV及以上耐张型杆塔的基础,当场地为饱和砂土或饱和粉土时,均应考虑地基液化的可能性,并应采取必要的稳定和抗震措施。

12.0.10 转角塔、终端塔的基础应采取预偏措施,预偏后的基础顶面应在同一坡面上。

13 对地距离及交叉跨越

13.0.1 导线对地面、建筑物、树木、铁路、道路、河流、管道、索道及各种架空线路的距离,应根据导线运行温度40℃(若导线按允许温度80℃设计时,导线运行温度取50℃)情况或覆冰无风情况求得的最大弧垂计算垂直距离,根据最大风情况或覆冰情况求得的最大风偏进行风偏校验。重覆冰区的线路,还应计算导线不均匀覆冰和验算覆冰情况下的弧垂增大。

注:1 计算上述距离,可不考虑由于电流、太阳辐射等引起的弧垂增大,但应计及导线架线后塑性伸长的影响和设计、施工的误差。
2 大跨越的导线弧垂应按导线实际能够达到的最高温度计算。
3 输电线路与标准轨距铁路、高速公路及一级公路交叉时,当交叉档距超过200m时,最大弧垂应按导线允许温度计算,导线的允许温度按不同要求取70℃或80℃计算。

13.0.2 导线对地面的最小距离,以及与山坡、峭壁、岩石之间的最小净空距离应符合以下规定:

1 在最大计算弧垂情况下,导线对地面的最小距离应符合表13.0.2-1规定的数值。

表13.0.2-1 导线对地面的最小距离(m)

线路经过地区	标称电压(kV)				
	110	220	330	500	750
居民区	7.0	7.5	8.5	14	19.5
非居民区	6.0	6.5	7.5	11(10.5*)	15.5** (13.7***)
交通困难地区	5.0	5.5	6.5	8.5	11.0

注:* 的值用于导线三角排列的单回路。
** 的值对应导线水平排列单回路的农业耕作区。
*** 的值对应导线水平排列单回路的非农业耕作区。

2 在最大计算风偏情况下,导线与山坡、峭壁、岩石之间的最小净空距离应符合表 13.0.2-2 规定的数值。

表 13.0.2-2　导线与山坡、峭壁、岩石的最小净空距离(m)

线路经过地区	标称电压(kV)				
	110	220	330	500	750
步行可以到达的山坡	5.0	5.5	6.5	8.5	11.0
步行不能到达的山坡、峭壁和岩石	3.0	4.0	5.0	6.5	8.5

13.0.3 输电线路通过居民区宜采用固定横担和固定线夹。

13.0.4 输电线路不应跨越屋顶为可燃材料的建筑物。对耐火屋顶的建筑物,如需跨越时应与有关方面协商同意,500kV 及以上输电线路不应跨越长期住人的建筑物。导线与建筑物之间的距离应符合以下规定:

1 在最大计算弧垂情况下,导线与建筑物之间的最小垂直距离,应符合表 13.0.4-1 规定的数值。

表 13.0.4-1　导线与建筑物之间的最小垂直距离

标称电压(kV)	110	220	330	500	750
垂直距离(m)	5.0	6.0	7.0	9.0	11.5

2 在最大计算风偏情况下,边导线与建筑物之间的最小净空距离,应符合表 13.0.4-2 规定的数值。

表 13.0.4-2　边导线与建筑物之间的最小净空距离

标称电压(kV)	110	220	330	500	750
距离(m)	4.0	5.0	6.0	8.5	11.0

3 在无风情况下,边导线与建筑物之间的水平距离,应符合表 13.0.4-3 规定的数值。

表 13.0.4-3 边导线与建筑物之间的水平距离

标称电压(kV)	110	220	330	500	750
距离(m)	2.0	2.5	3.0	5.0	6.0

4 在最大计算风偏情况下,边导线与规划建筑物之间的最小净空距离,应符合表 13.0.4-2 规定的数值。

13.0.5 500kV 及以上输电线路跨越非长期住人的建筑物或邻近民房时,房屋所在位置离地面 1.5m 处的未畸变电场不得超过 4kV/m。

13.0.6 输电线路经过经济作物和集中林区时,宜采用加高杆塔跨越不砍通道的方案,并符合下列规定:

1 当跨越时,导线与树木(考虑自然生长高度)之间的最小垂直距离,应符合表 13.0.6-1 规定的数值。

表 13.0.6-1 导线与树木之间(考虑自然生长高度)的最小垂直距离

标称电压(kV)	110	220	330	500	750
垂直距离(m)	4.0	4.5	5.5	7.0	8.5

2 当砍伐通道时,通道净宽度不应小于线路宽度加通道附近主要树种自然生长高度的 2 倍。通道附近超过主要树种自然生长高度的非主要树种树木应砍伐。

3 在最大计算风偏情况下,输电线路通过公园、绿化区或防护林带,导线与树木之间的最小净空距离,应符合表 13.0.6-2 规定的数值。

表 13.0.6-2 导线与树木之间的最小净空距离

标称电压(kV)	110	220	330	500	750
距离(m)	3.5	4.0	5.0	7.0	8.5

4 输电线路通过果树、经济作物林或城市灌木林不应砍伐出通道。导线与果树、经济作物、城市绿化灌木以及街道行道树之间的最小垂直距离,应符合表13.0.6-3规定的数值。

表13.0.6-3 导线与果树、经济作物、城市绿化灌木及街道树之间的最小垂直距离

标称电压(kV)	110	220	330	500	750
垂直距离(m)	3.0	3.5	4.5	7.0	8.5

13.0.7 输电线路跨越弱电线路(不包括光缆和埋地电缆)时,输电线路与弱电线路的交叉角应符合表13.0.7的规定。

表13.0.7 输电线路与弱电线路的交叉角

弱电线路等级	一级	二级	三级
交叉角(°)	≥45	≥30	不限制

13.0.8 输电线路与甲类火灾危险性的生产厂房、甲类物品库房、易燃、易爆材料堆场以及可燃或易燃、易爆液(气)体贮罐的防火间距不应小于杆塔高度加3m,还应满足其他的相关规定。

13.0.9 在通道非常拥挤的特殊情况下,可与相关部门协商,在适当提高防护措施,满足防护安全要求后,可相应压缩本规范第13.0.8条中的防护间距。

13.0.10 输电线路跨越220kV及以上线路,铁路,高速公路,一级等级公路,一、二级通航河流及特殊管道等时,悬垂绝缘子串宜采用双联串(对500kV及以上线路并宜采用双挂点)或两个单联串。

13.0.11 输电线路与铁路、道路、河流、管道、索道及各种架空线路交叉或接近的基本要求,应符合表13.0.11的规定。

表13.0.11 输电线路与铁路、公路、河流、管道、索道及各种架空线路交叉或接近的基本要求

项目		铁路				公路		电车道（有轨及无轨）	
导线或地线在跨越档内接头		标准轨距：不得接头 窄轨：不得接头				高速公路、一级公路：不得接头 二、三、四级公路：不限制		不得接头	
邻档断线情况的检验		标准轨距：检验 窄轨：不检验				高速公路、一级公路：检验 二、三、四级公路：不检验		检验	
				至承力索或接触线			至承力索或接触线		至承力索或接触线
	标称电压（kV）				2.0		2.0		2.0
	110								
最小垂直距离(m)	标称电压（kV）	至轨顶		至轨顶		至路面	至路面	至路面	至承力索或接触线
		标准轨	窄轨	电气轨					
	110	7.5	7.5	11.5	3.0	7.0	7.0	10.0	3.0
	220	8.5	8.5	12.5	4.0	8.0	8.0	11.0	4.0
	330	9.5	9.5	13.5	5.0	9.0	9.0	12.0	5.0
	500	14.0	13.0	16.0	6.0	14.0	14.0	16.0	6.5
	750	19.5	18.5	21.5	7.0(10)	19.5	19.5	21.5	7(10)
		杆塔外缘至轨道中心				杆塔外缘至路基边缘		杆塔外缘至路基边缘	路径受限制地区
						开阔地区	路径受限制地区	开阔地区	
最小水平距离(m)	110					交叉： 8m 10m(750kV) 平行： 最高杆(塔高)	5.0	交叉： 8m 10m(750kV) 平行： 最高杆(塔高)	5.0
	220						5.0		5.0
	330						6.0		6.0
	500						8.0(15)		8.0
	750						10(20)		10.0
附加要求		交叉：塔高加3.1m，无法满足要求时可适当减小，但不得小于30m 平行：塔高加3.1m，因难时双方协商确定				括号内为高速公路数值。高速公路路基边缘指公路下缘排水沟		—	
备注		不宜在铁路出站信号机以内跨越				公路分级见附录G，城市道路分级可参照公路的规定		—	

续表 13.0.11

项　目		通航河流	不通航河流	弱电线路	电力线路	特殊管道	索道
导线或地线在跨越档内接头		一、二级:不得接头 三级及以下:不限制	不限制	不限制	110kV及以上线路:不得接头 110kV以下线路:不限制	不得接头	不得接头
邻档断线情况的检验		不检验	不检验	Ⅰ级:检验 Ⅱ、Ⅲ级:不检验	不检验	检验	不检验
邻档断线情况的最小垂直距离(m)	标称电压(kV)						
	110	—	—	1.0	—	至管道任何部分 1.0	—
最小垂直距离(m)	标称电压(kV)	至5年一遇洪水位	至最高航行水位的最高船桅顶	至百年一遇洪水位	冬季冰面	至被跨越物	至被跨越物	至管道任何部分	至索道任何部分
	110	6.0	2.0	3.0	6.0	3.0	3.0	4.0	3.0
	220	7.0	3.0	4.0	6.5	4.0	4.0	5.0	4.0
	330	8.0	4.0	5.0	7.5	5.0	5.0	6.0	5.0
	500	9.5	6.0	6.5	11(水平) 10.5(三角)	8.5	6.0(8.5)	7.5	6.5
	750	11.5	8.0	8.0	15.5	12.0	7(12)	9.5	8.5(顶部),11(底部)

· 49 ·

续表 13.0.11

项 目		通航河流	不通航河流	弱电线路		电力线路		特殊管道		索 道
		边导线至斜坡上缘 (线路与拉纤小路平行)		与边导线间		与边导线间		边导线至管、索道任何部分		
				开阔 地区	路径 受限制 地区	开阔 地区	路径 受限制 地区	开阔地区	路径受限制地区 (在最大风 偏情况下)	
最小水平 距离(m)	标称电压 (kV)			平行时: 最高杆 (塔)高	4.0 5.0 6.0 8.0 10.0	平行时: 最高杆 (塔)高	5.0 7.0 9.0 13.0 16.0	平行时:最高杆(塔)高	4.0 5.0 6.0 7.5 9.5(管道),11(底部),8.5(顶部)	
	110	最高杆(塔)高								
	220									
	330									
	500									
	750									
附加要求		1. 不通航河流指不能航行的河流,也不能浮运; 2. 次要通航河流对接头不限制; 3. 并需满足航道部门协议的要求		弱电线路应架设在输电线路上方		电压较高的线路一般架设在电压较低线路的上方,同一等级电压的电网公用线应架设在专用线路上方		1. 与索道交叉,若索道在上方,索道的下方应装设保护设施; 2. 交叉点不应在管、检查井(孔)处; 3. 与管、索道平行、交叉时,管、索道应接地		1. 管、索道上的附属设施,均应视为管、索道的一部分; 2. 特殊管道指易燃、易爆物品的管道
备 注						括号内的数值用于跨越杆(塔)顶				

注:1 邻档断线情况窄地带,两线路杆塔位置交错排列时导线在最大风偏情况下,标称电压 110、220、330、500、750kV 对相邻线路杆塔的最小距离,应分别不小于 3.0、4.0、5.0、7.0、9.5m。
2 跨越弱电线路或电力线路,导线截面按允许载流量选择时的校验温度允许的交叉温度校验时的交叉垂直距离。
3 压间隙,且不得小于 0.8m。
4 杆塔为固定横担,且采用分裂导线时,可不检验邻档断线时的交叉跨越垂直距离。
5 重要交叉跨越部位确定的技术条件,应征求相关部门的意见。

14 环境保护

14.0.1 输电线路设计应符合国家环境保护、水土保持和生态环境保护的有关法律法规的要求。

14.0.2 输电线路的设计中应对电磁干扰、噪声等污染因子采取必要的防治措施,减少其对周围环境的影响。

14.0.3 输电线路无线电干扰限值、可听噪声限值和房屋附近未畸变电场值应符合本规范第5.0.4条、第5.0.5条及第13.0.5条的规定。

14.0.4 对沿线相关的弱电线路和无线电设施应进行通信保护设计并采取相应的处理措施。

14.0.5 山区线路应采用全方位长短腿与不等高基础配合使用。

14.0.6 输电线路经过经济作物或林区时,宜采取跨越设计。

15 劳动安全和工业卫生

15.0.1 输电线路工程应满足国家规定的有关防火、防爆、防尘、防毒及劳动安全与卫生等的要求。

15.0.2 高杆塔宜采取高空作业工作人员的防坠安全保护措施。在架线高空作业时,应制定安全措施,确保安全生产。

15.0.3 输电线路在施工时,针对由邻近输电线路产生的电磁感应电压应落实好劳动安全措施。

15.0.4 输电线路建成运行后对平行和交叉的其他电压等级的输电线路、通信线等存在感应电压,邻近线路在运行和维修时应做好安全措施。

16 附属设施

16.0.1 新建输电线路在交通困难地区设巡线站时,其维护半径可取40km~50km,如沿线交通方便或该地区已有生产运行机构,也可不设巡检站。巡检站应配备必要的备品备件、检修材料、维护检修工器具以及交通工具。

16.0.2 杆塔上的固定标志,应符合下列规定:

1 所有杆塔均应标明线路的名称、代号和杆塔号。

2 所有耐张型杆塔、分支杆塔和换位杆塔前后各一基杆塔上,均应有明显的相位标志。

3 在多回路杆塔上或在同一走廊内的平行线路的杆塔上,均应标明每一线路的名称和代号。

4 高杆塔应按航空部门的规定装设航空障碍标志。

5 杆塔上固定标志的尺寸、颜色和内容还应符合运行部门的要求。

16.0.3 新建输电线路宜根据现有运行条件配备适当的通信设施。

16.0.4 总高度在80m以下的杆塔,登高设施可选用脚钉。高于80m的杆塔,宜选用直爬梯或设置简易休息平台。

附录 A 典型气象区

A.0.1 我国典型气象区见表 A.0.1。

表 A.0.1 典型气象区

气象区		Ⅰ	Ⅱ	Ⅲ	Ⅳ	Ⅴ	Ⅵ	Ⅶ	Ⅷ	Ⅸ
大气温度(℃)	最高	+40								
	最低	-5	-10	-10	-20	-10	-20	-40	-20	-20
	覆冰	-5								
	基本风速	+10	+10	-5	-5	+10	-5	-5	-5	-5
	安装	0	0	-5	-10	-5	-10	-15	-10	-10
	雷电过电压	+15								
	操作过电压、年平均气温	+20	+15	+15	+10	+15	+10	-5	+10	+10
风速(m/s)	基本风速	31.5	27.0	23.5	23.5	27.0	23.5	27.0	27.0	27.0
	覆冰	10*							15	
	安装	10								
	雷电过电压	15	10							
	操作过电压	0.5×基本风速折算至导线平均高度处的风速(不低于15m/s)								
覆冰厚度(mm)		0	5	5	5	10	10	10	15	20
冰的密度(g/cm³)		0.9								

注：* 一般情况下覆冰同时风速10m/s,当有可靠资料表明需加大风速时可取为15m/s。

附录 B 高压架空线路污秽分级标准

B.0.1 高压架空线路污秽分级标准见表 B.0.1。

表 B.0.1 高压架空线路污秽分级标准

污秽等级	污湿特征	盐密(mg/cm²)	线路爬电比距(cm/kV) 220kV 及以下	线路爬电比距(cm/kV) 330kV 及以上
0	大气清洁地区及离海岸盐场 50km 以上无明显污染地区	≤0.03	1.39 (1.60)	1.45 (1.60)
Ⅰ	大气轻度污染地区,工业区和人口低密集区,离海岸盐场 10km～50km 地区,在污闪季节中干燥少雾(含毛毛雨)或雨量较多时	>0.03～0.06	1.39～1.74 (1.60～2.00)	1.45～1.82 (1.60～2.00)
Ⅱ	大气中等污染地区,轻盐碱和炉烟污秽地区,离海岸盐场 3km～10km 地区,在污闪季节中潮湿多雾(含毛毛雨)但雨量较少时	>0.06～0.10	1.74～2.17 (2.00～2.50)	1.82～2.27 (2.00～2.50)
Ⅲ	大气污染较严重地区,重雾和重盐碱地区,近海岸盐场 1km～3km 地区,工业与人口密度较大地区,离化学污染源和炉烟污秽 300m～1500m 的较严重污秽地区	>0.10～0.25	2.17～2.78 (2.50～3.20)	2.27～2.91 (2.50～3.20)
Ⅳ	大气特别严重污染地区,离海岸盐场 1km 以内,离化学污染源和炉烟污秽 300m 以内的地区	>0.25～0.35	2.78～3.30 (3.20～3.80)	2.91～3.45 (3.20～3.80)

注:爬电比距计算时可取系统最高工作电压。上表( )内数字为按标称电压计算的值。

附录C 各种绝缘子的 m_1 参考值

C.0.1 各种绝缘子的 m_1 参考值如表C.0.1-1所示。瓷和玻璃绝缘子试品的尺寸如表C.0.1-2所示,各种绝缘子试品的形状如图C.0.1所示。

表C.0.1-1 各种绝缘子的 m_1 参考值

试 品	材 料	m_1 值		
		盐密 0.05mg/cm²	盐密 0.2mg/cm²	平均值
1#	瓷	0.66	0.64	0.65
2#		0.42	0.34	0.38
3#		0.28	0.35	0.32
4#		0.22	0.40	0.31
5#	玻璃	0.54	0.37	0.45
6#		0.36	0.36	0.36
7#		0.45	0.59	0.52
8#		0.30	0.19	0.25
9#	复合	0.18	0.42	0.30

表C.0.1-2 瓷和玻璃绝缘子试品的尺寸

试品	材料	盘径(mm)	结构高度(mm)	爬电距离(cm)	表面积(cm²)	重量(kg)	机械强度(kN)
1#	瓷	280	170	33.2	1730.27	8.5	210
2#		300	170	45.9	2784.86	11.5	210
3#		320	195	45.9	3025.98	13.5	300
4#		340	170	53.0	3627.04	12.1	210

续表 C.0.1-2

试品	材料	盘径(mm)	结构高度(mm)	爬电距离(cm)	表面积(cm²)	重量(kg)	机械强度(kN)
5#	玻璃	280	170	40.6	2283.39	7.2	210
6#		320	195	49.2	3087.64	10.6	300
7#		320	195	49.3	3147.4	11.3	300
8#		380	145	36.5	2476.67	6.2	120

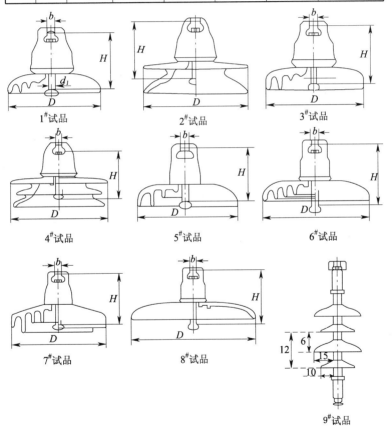

图 C.0.1 瓷和玻璃绝缘子试品形状图

附录 D 使用悬垂绝缘子串的杆塔，水平线间距离与档距的关系

D.0.1 使用悬垂绝缘子串的杆塔，水平线间距离与档距的关系宜符合表 D.0.1 的规定。

表 D.0.1 使用悬垂绝缘子串的杆塔，水平线间距离与档距的关系(m)

水平线间距离		3.5	4	4.5	5	5.5	6	6.5	7	7.5	8	8.5	10	11	13.5	14.0	14.5	15.0
标称电压(kV)	110	300	375	450	—	—	—	—	—	—	—	—	—	—	—	—	—	—
	220	—	—	—	—	440	525	615	700	—	—	—	—	—	—	—	—	—
	330	—	—	—	—	—	—	—	—	525	600	700	—	—	—	—	—	—
	500	—	—	—	—	—	—	—	—	—	—	—	525	650	—	—	—	—
	750	—	—	—	—	—	—	—	—	—	—	—	—	—	500	600	700	800

注：表中数值不适用于覆冰厚度 15mm 及以上的地区。

附录 E 基础上拔土计算土重度和上拔角

E.0.1 基础上拔土计算土重度和上拔角见表 E.0.1。

表 E.0.1 基础上拔土计算土重度和上拔角

土名 参数	黏土及粉质黏土				粉土			砂土				
	坚硬	硬塑	可塑	软塑	密实	中密	稍密	砾砂	粗砂	中砂	细砂	粉砂
计算土重度 (kN/m³)	17	17	16	15	17	16	15	19	17	17	16	15
计算上拔角(°)	25	25	20	10	25	20	10	30	28	28	26	22

注:位于地下水位以下土的土重度应考虑浮力的影响,计算上拔角仍按本表规定。

附录 F 弱电线路等级

F.0.1 弱电线路等级的划分应符合下列规定：

1 一级弱电线路：首都与各省（市）、自治区所在地及其相互间联系的主要线路；首都至各重要工矿城市、海港的线路以及由首都通达国外的国际线路；由工业和信息化部指定的其他国际线路和国防线路；铁道部与各铁路局及各铁路局之间联系用的线路，以及铁路信号自动闭塞装置专用线路。

2 二级弱电线路：各省（市）、自治区所在地与各地（市）、县及其相互间的通信线路；相邻两省（自治区）各地（市）、县相互间的通信线路；一般市内电话线路；铁路局与各站、段及站段相互间的线路，以及铁路信号闭塞装置的线路。

3 三级弱电线路：县至区、乡的县内线路和两对以下的城郊线路；铁路的地区线路及有线广播线路。

附录 G 公路等级

G.0.1 公路等级的划分应符合下列规定：

1 高速公路：专供汽车分向、分车道行驶并应全部控制出入的多车道公路。四车道高速公路应能适应将各种汽车折合成小客车的年平均日交通量25000辆～55000辆；六车道高速公路应能适应将各种汽车折合成小客车的年平均日交通量45000辆～85000辆；八车道高速公路应能适应将各种汽车折合成小客车的年平均日交通量60000辆～100000辆。

2 一级公路：供汽车分向、分车道行驶，并可根据需要控制出入的多车道公路。四车道一级公路应能适应将各种汽车折合成小客车的年平均日交通量15000辆～30000辆；六车道一级公路应能适应将各种汽车折合成小客车的年平均日交通量25000辆～55000辆。

3 二级公路：供汽车行驶的双车道公路。双车道二级公路应能适应将各种汽车折合成小客车的年平均日交通量5000辆～15000辆。

4 三级公路：主要供汽车行驶的双车道公路。双车道三级公路应能适应将各种汽车折合成小客车的年平均日交通量2000辆～6000辆。

5 四级公路：主要供汽车行驶的双车道或单车道公路。双车道四级公路应能适应将各种汽车折合成小客车的年平均日交通量2000辆以下；单车道四级公路应能适应将各种汽车折合成小客车的年平均日交通量400辆以下。

本规范用词说明

1 为便于在执行本规范条文时区别对待,对要求严格程度不同的用词说明如下:
　　1)表示很严格,非这样做不可的:
　　　　正面词采用"必须",反面词采用"严禁";
　　2)表示严格,在正常情况下均应这样做的:
　　　　正面词采用"应",反面词采用"不应"或"不得";
　　3)表示允许稍有选择,在条件许可时首先应这样做的:
　　　　正面词采用"宜",反面词采用"不宜";
　　4)表示有选择,在一定条件下可以这样做的,采用"可"。
2 条文中指明应按其他有关标准执行的写法为:"应符合……的规定"或"应按……执行"。

引用标准名录

《建筑结构荷载规范》GB 50009
《混凝土结构设计规范》GB 50010
《碳素结构钢》GB/T 700
《圆线同心绞架空导线》GB/T 1179
《低合金高强度结构钢》GB/T 1591
《紧固件机械性能 螺栓、螺钉和螺柱》GB/T 3098.1
《紧固件机械性能 螺母 粗牙螺纹》GB/T 3098.2
《冻土地区建筑地基基础设计规范》JGJ 118

中华人民共和国国家标准

110kV～750kV 架空输电线路设计规范

GB 50545-2010

条文说明

制 订 说 明

随着我国国民经济和电网建设的不断发展,我国的高压交流输电技术得到了迅速的发展,目前,我国电网的最高运行电压等级从500kV发展到750kV。电网建设以科学发展观为指导,充分利用高新技术和先进设备,在加强现有电网技术改造和升级方面取得了较大的成果。许多新技术、新工艺和新材料正在得到广泛的运用和大力推广,成为电网设计和建设中的重要组成部分。本规范在归纳了历年来110kV～750kV电网建设有关规范和标准的基础上,贯彻国家电力基础建设基本方针,认真落实安全可靠、经济合理、技术先进、环境友好的技术原则,通过技术创新和科技进步,突出展现了设计方案的经济性、合理性、先进性。本规范还针对2008年初我国南方地区电网覆冰灾害经验教训进行了认真仔细的研究和分析,调整了冰区的划分,适当提高了电网抗冰设防的要求。

本规范审查会上,专家们提出了关于直线塔导线断2相、不均匀覆冰的不平衡张力考虑弯、扭和弯扭组合工况下,铁塔指标和构件内力的变化情况测算的要求。据此,选取了代表性的塔型,分别对直线塔断线张力取值的变化、断线回路数、不均匀覆冰的不平衡张力的取值和组合,分别进行了测算。

本规范编制得到了西南电力设计院、中南电力设计院、浙江省电力设计院、湖南省电力设计院、广东省电力设计院的支持,并协助参编单位完成了《110～750kV风、冰的重现期及基准高度取值分析》、《提高导线允许温度增加线路输送容量的研究》、《重要线路及特殊区段加强措施研究》、《对地距离和交叉跨越的研究》、《输电线路不平衡张力和断线张力取值测算分析报告》等相关专题,为本规范的编制提供了扎实的基础资料。

本规范制定过程中,编制组进行了广泛的调查,充分收集了电力行业标准化、信息化研究推广应用的成果,在分析和总结的基础上使好的经验得以推广。

本规范体现了:

1 根据国家对环境保护的法律、法规,增设了环境保护章节。

2 根据国家法规对劳动安全和工业卫生的要求,设置了劳动安全和工业卫生章节。

3 根据电网建设中新技术、新工艺、新材料的应用,在路径、导线和地线、绝缘子和金具、杆塔结构等章节,增加了相关的内容。

4 认真研究了生产运行提出的问题和经验,在安全、经济、合理的基础上增加了适当的条文规定。

为便于广大设计、施工、科研、学校等单位有关人员在使用本规范时能正确理解和执行条文规定,《110kV~750kV架空输电线路设计规范》编制组按章、节、条顺序编制了本规范的条文说明,对条文规定的目的、依据以及执行中需注意的有关事项进行了说明,但是,本条文说明不具备与标准正文同等的法律效力,仅供使用者作为理解和把握本规范规定的参考。

目　　次

1 总　则 …………………………………………………… (71)
2 术语和符号 …………………………………………… (73)
3 路径选择 ……………………………………………… (74)
4 气象条件 ……………………………………………… (76)
5 导线和地线 …………………………………………… (79)
6 绝缘子和金具 ………………………………………… (94)
7 绝缘配合、防雷和接地 ……………………………… (98)
8 导线布置 ……………………………………………… (124)
9 杆塔型式 ……………………………………………… (130)
10 杆塔荷载及材料 …………………………………… (132)
　10.1 杆塔荷载 ………………………………………… (132)
　10.2 结构材料 ………………………………………… (139)
11 杆塔结构 …………………………………………… (142)
　11.1 基本计算规定 …………………………………… (142)
　11.2 承载能力和正常使用极限状态计算表达式 …… (142)
　11.3 杆塔结构基本规定 ……………………………… (143)
12 基　础 ……………………………………………… (145)
13 对地距离及交叉跨越 ……………………………… (148)
14 环境保护 …………………………………………… (163)
16 附属设施 …………………………………………… (164)
附录 A 典型气象区 …………………………………… (165)
附录 B 高压架空线路污秽分级标准 ………………… (166)
附录 C 各种绝缘子的 m_1 参考值 …………………… (170)
附录 E 基础上拔土计算土重度和上拔角 …………… (171)
附录 G 公路等级 ……………………………………… (172)

1 总 则

1.0.1 本条明确强调了110kV～750kV架空输电线路的要求,提出对输电线路设计工作的基本原则,要求协调好各方面的相互关系,如安全与经济、基本建设与生产运行、近期需要和远景规划、线路建设和周围环境等,目的是以合理的投资使设计的输电线路能获得最佳的综合效益。

1.0.2 本条明确了本规范的适用范围。对于新建交流110kV、220kV、330kV、500kV适用于单回、同塔双回及同塔多回输电线路设计。由于交流750kV同塔双回输电线路设计运行经验较少,因此,本规范仅适用于新建交流750kV单回路输电线路的设计。对已建架空输电线路的改造和扩建项目,可根据具体情况和运行经验参照本规范执行。

对临时架空输电线路,视其使用年限可适当降低标准,但应保证人身设备安全。

对已有架空输电线路的大修和技术改进工程,应结合本地区具体情况,本着节约的精神,逐年改建,有关部分可参照本规范进行。

原有架空输电线路的升压和改建,本规范没有作具体规定,应根据本地区线路的运行经验确定。但由于各地升压经验各有不同特点,标准也不一致,暂时还不能作出统一的规定,尚有待进一步积累经验。因此,提出原有架空输电线路升压改建可参考本地区已有线路的运行经验,升压标准由各主管部门掌握。

1.0.3 根据电网建设的发展,本规范还明确了依靠技术进步,合理利用资源,达到降低消耗,提高资源的利用效率的要求。采用新技术、新工艺、新设备、新材料前应当经有关主管部门或受委托的单位鉴定,应有完整的技术文件,经实践检验且行之有效。

1.0.4 根据2008年初我国南方地区发生的严重冰灾,为确保供电设施的安全可靠,对重要线路和特殊区段线路宜采取适当加强措施。

对重要线路:重要性系数取1.1,使其安全等级在原标准上有所提高;对易覆冰区段宜采取覆冰设防加强措施,必要时按照稀有覆冰条件进行机械强度验算。

对特殊区段线路:如大跨越线路、跨越主干铁路、高速公路等重要设施的跨越应采用独立耐张段,必要时杆塔结构重要性系数取1.1。独立耐张段应根据地形、地物等条件合理地确定跨越方案,可采用"耐—直—直—耐"、"耐—直—耐"、"耐—直—直—直—耐"或"耐—耐"方案,且直线塔不应超过3基。

对于运行抢修特别困难的局部区段线路,宜采取适当加强措施,提高安全设防水平。

对覆冰地区的重要线路可考虑安装线路覆冰在线监测装置,采取防冰、减冰、融冰等措施。

重要线路是指核心骨干网架、特别重要用户供电线路等线路。

2 术语和符号

为执行本规范条文规定时正确理解特定的名词术语含义,特列入了一些与本规范相关的名词术语,便于执行条文规定时查找使用。同时,将条文和附录中计算公式采用的符号以及条文附图中的代号也纳入本章,集中列出,方便应用。

条文和附录中计算公式采用的符号,是按本专业的特点和通用性制定的。

对于本规范第 2.1.14 条,虽然时常有人、有车辆或农业机械到达,但未遇房屋或房屋稀少的地区,亦属非居民区。

3 路径选择

3.0.1 针对输电线路路径选择现已大量使用卫片、航片、全数字摄影测量系统等航测新技术,因此条文中对路径选择中提出应用新技术的要求。

3.0.2 为了使新建工程与军事设施、地方发展和规划等相协调,明确路径选择原则,要求尽量减少对军事设施和地方经济发展的影响。

3.0.3 根据多年的线路运行经验的总结,选择线路路径应尽量避开不良地质地带、矿场采空区等可能引起杆塔倾斜、沉陷的地段;当无法避让时,应开展塔位稳定性评估,并采取必要的措施。根据运行经验,增加了路径选择尽量避开导线易舞动区等内容。辽宁省的鞍山、丹东、锦州一带,湖北省的荆门、荆州、武汉一带是全国范围内输电线路发生舞动较多的地区,导线舞动对线路安全运行所造成的危害十分重大,诸如线路频繁跳闸与停电、导线的磨损、烧伤与断线,金具及有关部件的损坏等,造成重大的经济损失与社会影响,因此对舞动多发区应尽量避让。

3.0.4 为使新建线路与沿线相关设施的相互协调,以求和谐共存,明确在选择路径时应考虑与临近设施如电台、机场、弱电线路等的相互影响。

3.0.5 设计应兼顾施工和运行条件,路径选择尽量方便施工和运行。

3.0.6 规划走廊中的两回路或多回路线路,要根据技术经济比较,确定是否推荐采用同塔架设。当线路路径受到城市规划、工矿区、军事设施、复杂地形等的限制,在线路走廊狭窄地段且第二回路线路的走廊难以预留时,宜采用同杆塔架设。

3.0.7 耐张段长度由线路的设计、运行、施工条件和施工方法确定,并吸取2008年初冰灾运行经验,单导线线路不宜大于5km,轻、中、重冰区的耐张段长度分别不宜大于10km、5km、3km,当耐张段长度较长时应考虑防串倒措施,例如,轻冰区每隔7基～8基(中冰区每隔4基～5基)设置一基纵向强度较大的加强型悬垂型杆塔,防串倒的加强型悬垂型杆塔其设计条件除按常规悬垂型杆塔工况计算外,还应按所有导、地线同侧有断线张力(或不平衡张力)计算。

根据2008年初我国南方地区发生冰灾事故的经验,对输电线路与主干铁路、高速公路交叉,宜提高标准,采用独立耐张段,必要时考虑结构重要性系数1.1,并按验算冰校核交叉跨越物的间距。

3.0.8 本条规定是为了预防灾害性事故的发生。

3.0.9 大跨越的基建投资大,运行维护复杂,施工工艺要求高,故一般应该尽量减少或避免。因此,选线中遇有大跨越应结合整个路径方案综合考虑。往往有这样的情况,某个方案路径长度虽增加了几公里,但避免了大跨越或减少跨越档距,降低了造价,从全局看是合理的,这一点应引起足够重视。

此外,在以往跨河基础设计中,个别工程在建成后,由于河床变迁,塔位受冲刷,花了很多投资防护,严重影响线路安全运行。故要求设计跨河基础考虑50年河床变迁情况,以保证杆塔基础不被冲刷。另外,要求跨越杆塔宜设置在5年一遇洪水淹没区以外,以确保运行安全。工程中如受条件限制,基础受洪水淹没,应考虑局部冲刷以及漂浮物或流冰等撞击影响,并采取措施。

4 气象条件

4.0.1 设计气象条件,应根据沿线气象资料的数理统计结果,参考现行国家标准《建筑结构荷载规范》GB 50009 的风压图以及附近已有线路的运行经验确定。

现行国家标准《建筑结构荷载规范》GB 50009 把风荷载基本值的重现期由 30 年一遇提高到 50 年一遇;经对风荷载重现期由 30 年一遇提高到 50 年一遇增加值的评估,统计了 129 个地区,V_{50}/V_{30} 在 1.0～1.09 之间,平均为 1.05,说明了重现期由 30 年一遇提高到 50 年一遇,风速值提高约 5%,风压值提高了 11% 左右,比原来对杆塔的抗风能力提高了很多,但不会造成工程量较大的增加,因此本条规定将 500kV～750kV 架空输电线路(含大跨越)的重现期与《建筑结构荷载规范》GB 50009 一致取 50 年,110kV～330kV 输电线路(含大跨越)的重现期取 30 年。

4.0.2 统计风速样本的基准高度,统一取离地面(或水面)10m,保持与《建筑结构荷载规范》GB 50009 一致,可简化资料换算及便于与其他行业比较。工程设计时应根据导线平均高度将基本风速进行换算,110kV～330kV 线路(不含大跨越)下导线平均高一般取 15m,500kV～750kV 线路(不含大跨越)下导线平均高一般取 20m,其他工况的风速不需进行换算。

4.0.3 架空输电线路经过地区广、地形条件复杂,线路通过山区,除一些狭谷、高峰等处受微地形影响,风速值有所增大外,对于整个山区从宏观上看,山区摩擦阻力大风速值也不一定就较平地大,所以,一般说来,如无可靠资料,对于通过山区的线路,采用的设计风速,从安全的角度出发,参考《建筑结构荷载规范》GB 50009 的规定,按附近平地风速资料增大 10%,至于山区的微地形影响,除个别大跨越为提高其安全度可考虑增大风速以外，在一般地区就不予增加。至于一般山区虽有狭管等效应，考虑到架空输电线路有档距不均匀系数的影响，因此，山区风速较平地增大了10%以后，已能反映山区的情况了。

4.0.4 输电线路设计时，行业标准《110～500kV架空送电线路设计技术规程》DL/T 5092—1999（以下简称《技术规程》）对地20m高的最大设计风速的最小值不能低于30m/s，把这个风速归算到10m基准高时为26.85m/s；本规范基本风速按10m高度换算后：110kV～330kV架空输电线路的基本风速，不应低于23.5m/s；500kV～750kV架空输电线路计算导、地线的张力、荷载以及杆塔荷载时，基本风速不应低于27m/s。

4.0.5 根据2008年初我国南方地区覆冰灾害情况分析结果，对输电线路基本覆冰划分为轻、中、重三个等级，采用不同的设计参数。

4.0.6 根据2008年初我国南方地区覆冰灾害情况分析结果，地线设计冰厚应较导线增加不小于5mm。地线设计冰厚增加5mm，仅针对地线支架的机械强度设计。地线覆冰取值较导线增加5mm后，地线的荷载取值对应的冰区（如不均匀覆冰的不平衡张力取值等）应与导线的冰区相同。

4.0.7 根据我国输电线路的运行经验，强调加强沿线已建线路设计、运行情况的调查。

我国输电线路运行经验要求：线路应避开重冰区及易发生导线舞动的地区。路径必须通过重冰区或导线易舞动地区时，应进行相应的防冰害或防舞动设计，适当提高线路的机械强度，局部导线易舞动区段在线路建设时安装防舞动装置等措施。输电线路位于河岸、湖岸、山峰以及山谷口等容易产生强风的地带时，其基本风速应较附近一般地区适当增大。对易覆冰、风口、高差大的地段，宜缩短耐张段长度，杆塔使用条件应适当留有裕度。对于相对高耸、山区风道、垭口、抬升气流的迎风坡、较易覆冰等微地形区段,以及相对高差较大、连续上下山等局部地段的线路应加强抗风、冰灾害能力。

4.0.8 输电线路的大跨越段,一般跨越档距在1000m以上,跨越塔高在100m以上。跨越重要通航河流和海面,若发生事故,影响面广,修复困难。为确保大跨越的安全运行,设计标准应予提高。根据我国几处大跨越的设计运行经验,如当地无可靠资料,设计风速可较附近平地线路气象资料增大10%设计。关于江面和江湖风速的问题,根据我国沿长江几处重大跨越的设计资料,一般认为江面风速比陆地略大一级,取为10%。

4.0.9 对于大跨越的设计条件规定较高的安全标准还是必要的,考虑到覆冰资料大多数地区比较缺乏,目前气象部门尚提不出覆冰资料及其随高度变化的规律,根据现有工程的经验,多采用附近线路的设计覆冰增加5mm作为大跨越的设计覆冰厚度。

验算条件,应以历年来稀有或百年一遇的气象条件进行验算,当无可靠资料时,如何确定验算风速和覆冰厚度,可结合各地的情况酌情处理。

4.0.10 本条文是根据以往设计经验选定的,基本符合输电线路实际情况,运行中未发现问题。

4.0.11～4.0.14 这几条明确了安装、雷电过电压、操作过电压、带电作业等工况的气象条件。

5 导线和地线

5.0.1 对不同电压等级输电线路的导线选择,适用的判据不同。但总体上看,都应归结为技术性和经济性两个方面。

技术性方面,一般要求所选导线能满足控制线路电压降、导线发热、无线电干扰、电视干扰、可听噪声的要求,并具备适应线路气象和地形条件的机械特性。

经济性方面,国内以往按照经济电流密度选择导线截面。

根据具体线路的输送容量,按合理的经济电流密度,选择几个标准的导线截面进行经济技术比较来确定。

经济电流密度应根据各个时期的电线价格、电能成本及线路工程特点等因素分析决定。我国幅员辽阔,西部有丰富的水电资源,而东部则以火电为主,电网送电成本存在明显差异,因此各地区的经济电流密度亦应有所不同,但目前我国尚未制定出合适的数值,现仍将1956年水电部颁发的经济电流密度值列入表1。

表1 经济电流密度值

最大负荷利用小时数(h)	铝线经济电流密度(A/mm^2)
3000以下	1.65
3000~5000	1.15
5000以上	0.9

线路工程建设费用随材料费和人工费而变化。线路运行费用随电力部门人工费用以及销售电价而改变。

随着我国国民经济的发展,输电线路各部件(导线、金具、绝缘子、杆塔和基础)等材料价格的提高,输电线路最大负荷利用小时数和销售电价的改变,以及国家节能减耗要求的加强,近年来,经济电流密度的取值有下降的趋势。总之,要根据年费用最小法进行综合技术经济比较后确定导线截面。

5.0.2 随着电网运行电压不断提高,输电线路的导线、绝缘子及金具零件发生电晕和放电的概率亦相应增加,故对超高压线路电晕损失和对环境的无线电干扰问题应引起重视。

导线的最小外径取决于两个条件:

1 导线表面电场强度 E 不宜大于全面电晕电场强度 E_0 的 80%～85%,E 与 E_0 的比值如表 2。

表 2 导线 E/E_0 值

标称电压（kV）	110	220	330		500		
导线外径（mm）	9.60	21.60	33.60	2×21.60	2×36.24	3×26.82	4×21.6
E/E_0(%)	78.76	81.76	84.08	84.60	84.60	83.31	82.01

超高压输电线路每相导线的根数可采用单根,也可采用多根分裂导线,由技术经济比较确定。我国建成投入运行的 220kV 架空输电线路早期多为单根导线,现多采用 2 分裂,分裂间距为 400mm;330kV 架空输电线路采用 2 分裂,分裂间距为 400mm;500kV 架空输电线路除个别大跨越外均采用 4 分裂,分裂间距为 450mm,今后工程中宜选用与此相同的分裂根数与分裂间距,有利于施工单位现有施工机具的使用,且有定型金具零件可供选择。若选用铝部截面 500mm² 以上的大截面导线,要考虑电线厂家的生产设备和施工单位的机械化水平。国外 380kV 线路多用 4 分裂导线,500kV 架空输电线路每相有用单根导线,更多的是采用 2、3、4 分裂导线,日本近来采用 6 分裂导线。

2 年平均电晕损失不宜大于线路电阻有功损失的 20%。按此标准建设的输电线路,既可保证导线的电晕放电不致过分严重,以避免对无线电设施的干扰,同时也尽量降低了能量损耗,提高了电能传输效率。

海拔不超过 1000m 地区,如导线外径不小于本规范表 5.0.2 所列数值,通常可不验算电晕,线路所经地区海拔超过 1000m,不必验算电晕的导线最小外径仍保留《技术规程》中条文说明所列数值,见表3。

表3 高海拔地区不必验算电晕的导线最小外径

最小外径(mm) \ 参考海拔(m) \ 标称电压(kV)	1120	2270	3440
110	9.1	10.6	12.0
220	21.4	24.8	28.5
330	2×20.0	2×24.5	2×29.3

5.0.3 大跨越段在输电线路中只占较小的一部分,导线引起的发热损耗(电阻损耗),对整个输电线路损耗所占比例很小,导线选择主要考虑有较高的机械强度以及对杆塔、基础的各种荷载(水平荷载、垂直荷载、断线张力)较小,因此,导线截面选择不是按经济电流密度,而是按允许载流量选择。

但此时应注意电网的总体配合,对导线制造的各处接点均需要特殊考虑,交叉跨越距离亦应按导线实际能够达到的温度计算最大弧垂。

5.0.4 本条为强制性条文,根据国家标准《高压交流架空送电线无线电干扰限值》GB 15707—1995中第4.2节的规定编写。1MHz时限值较0.5MHz减少5dB(μV/m)。

美国电力公司(AEP)经验认为,对于765kV线路来说,1MHz的无线电干扰水平在65dB~70dB(对应0.5MHz为60dB~65dB)范围之内。

加拿大标准规定在距边相投影距离15m处,400kV~600kV线路无线电干扰限值为60dB;600kV~800kV线路无线电干扰限值为63dB。

5.0.5 本条为强制性条文,考虑到可听噪声参数是超高压线路导线选择的主要制约因素,并与环境保护相关,因此本条给出了限值。

可听噪声是指导线周围空气电离放电产生的一种人耳能直接

听见的噪声。这种噪声可能使线路附近的居民和工作人员感到烦躁不安,严重时可使人难以忍受。可听噪声与无线电干扰一样,随着导线表面电场强度的增加而增加,但可听噪声比无线电干扰沿线路横向衰减要慢。

国外研究表明,对750kV及以上线路来说,可听噪声将成为突出的问题,导线的最小截面往往需按此条件确定。

美国运行经验表明,在线路走廊边缘,人们对离线路中心线30m处53dB(A)以下的可听噪声水平基本无抱怨,噪声水平达到53dB(A)~59dB(A)时,生活在线路附近的人们会提出某些抱怨,当噪声水平超过59dB(A)时,抱怨大量增加。日本的限制最严,将其线路下方的噪声水平换算到走廊边缘15m,约为45dB(A)。美国和前苏联次之,均为55dB(A)。意大利的限制比较宽松,控制在56dB(A)~58dB(A)之内。

根据《345kV及以上超高压输电线路设计参考手册》所述方法,可听噪声计算首先需确定大雨条件下的数值,然后再推出湿导线下的值。由于大雨出现的概率较低,而且此时背景噪声较高,一般只控制湿导线条件下的噪声值。湿导线条件代表了雾天、小雨和雨后的情况。

我国目前对高压输电线路可听噪声尚无限值标准。现行国家标准《声环境质量标准》GB 3096中规定的城市五类区域的环境噪声限值(乡村生活区域可参照本标准执行)见表4。

表4 城市五类区域环境噪声标准值(dB)

类 别	昼 间	夜 间
0	50	40
1	55	45
2	60	50
3	65	55
4	70	55

根据现行国家标准《声环境质量标准》GB 3096和国外提出的

一般准则,本条将110kV～750kV线路湿导线噪声水平分别限制为55dB(A),相当于表4中的3类区(工业区)夜间限制标准。

5.0.6 控制导线允许载流量的主要依据是导线的最高允许温度,后者主要由导线经长期运行后的强度损失和连接金具的发热而定。《电机工程手册》(试用本)电线电缆第26篇提出当工作温度越高,运行时间越长,则导线的强度损失越大,对54/7的钢芯铝绞线的强度损失见表5。

表5 54/7钢芯铝绞线强度损失值

工作温度(℃)	运行时间(h)	
	1000	10000
85	−1%	−1.4%
100	−2%	−3.0%

1980年国际大电网会议第22组前苏联代表等的报告中提出钢芯铝绞线的强度损失见表6。

表6 钢芯铝绞线强度损失值

国家	前苏联		比利时			加拿大	
导线温度(℃)	110	150	90	100	150	125	150
时间(h)	3	3	24	24	24	1000	1
强度变化(%)	+15	+20	+10	+12	+15	0	0

表6中数据说明钢芯铝绞线在90℃～150℃时强度并未损失,短时间受热强度反而提高,这可能是由于线股在受热后调整伸长和位移使受力条件得到改善,钢芯强度能更好利用的结果。报告认为仅从导线耐热的角度考虑,钢芯铝绞线可采用150℃,但为了避免接头氧化而损坏,在连续运行时,它们的温度不应超过70℃。

我国输电线路钢芯铝绞线采用的电力金具,导线截面为240mm² 及以下的耐张线夹用螺栓型,跳线多用并沟线夹连接,运行中曾发生螺栓松动而将跳线烧红的情况。鉴于此,钢芯铝绞线的允许温度取《技术规程》采用值70℃(大跨越可取90℃);钢芯铝合金绞线的允许温度采用值与钢芯铝绞线同。钢芯铝包钢绞线(包括铝包钢绞线)的允许温度,按华东电力设计院设计的220kV南京南热大跨越南江跨越和湖南省电力勘测设计院设计的220kV湘江大跨越采用的数值,取100℃,此允许温度是通过单丝热强度损失试验确定的。考虑到长线路的连接点多,温升难以控制,对照钢芯铝绞线一般线路的允许温度较大跨越低20℃,故一般线路钢芯铝包钢绞线(包括铝包钢绞线)的允许温度采用80℃,镀锌钢绞线仍取125℃。工程设计中也可进行单丝热强度损失试验来选择恰当的绞线允许温度。当按允许温度选择导线截面时应对交叉跨越距离和对地距离进行相应的验算,并对导线连接点的发热问题作出相应考虑。

验算导线载流量时的环境气温采用最高气温月的最高平均气温、太阳辐射功率密度采用$0.1W/cm^2$,一般线路的计算风速采用$0.5m/s$,大跨越由于导线平均高度在30m以上,风速要相应增加,故取$0.6m/s$。

计算导线允许载流量可选用《电机工程手册》(试用本)第26篇所列公式(原公式符号略有变更):

$$I=\sqrt{(W_R+W_F-W_S)/R'_t} \tag{1}$$

式中:I——允许载流量(A);

W_R——单位长度导线的辐射散热功率(W/m);

W_F——单位长度导线的对流散热功率(W/m);

W_S——单位长度导线的日照吸热功率(W/m);

R'_t——允许温度时导线的交流电阻(Ω/m)。

辐射散热功率W_R的计算式:

$$W_R=\pi D E_1 S_1[(\theta+\theta_a+273)^4-(\theta_a+273)^4] \tag{2}$$

式中:D——导线外径(m);

E_1——导线表面的辐射散热系数,光亮的新线为0.23~0.43;旧线或涂黑色防腐剂的线为0.90~0.95;

S_1——斯特凡-包尔茨曼常数,为 $5.67×10^{-8}$(W/m²);

θ——导线表面的平均温升(℃);

θ_a——环境温度(℃)。

对流散热功率 W_F 的计算式:

$$W_F = 0.57\pi\lambda_f\theta Re^{0.485} \qquad (3)$$

式中:λ_f——导线表面空气层的传热系数(W/m·℃);

Re——雷诺数。

$$\lambda_f = 2.42×10^{-2} + 7(\theta_a + \theta/2)×10^{-5} \qquad (4)$$

$$Re = VD/\upsilon \qquad (5)$$

$$\upsilon = 1.32×10^{-5} + 9.6(\theta_a + \theta/2)×10^{-8} \qquad (6)$$

式中:V——垂直于导线的风速(m/s);

υ——导线表面空气层的运动粘度(m²/s);

日照吸热功率 W_S 的计算式:

$$W_S = \alpha_s J_s D \qquad (7)$$

式中:α_s——导线表面的吸热系数,光亮的新线为 0.35～0.46;旧线或涂黑色防腐剂的线为 0.9～0.95;

J_s——日光对导线的日照强度(W/m²);当天晴、日光直射导线时,可采用 1000W/m²。

钢芯铝绞线和钢芯铝合金绞线的允许温度修改为"宜采用70℃,必要时可采用80℃"。环境气温采用最热月平均最高温度,指最热月每日最高温度的月平均值,取多年平均值。

输电线路上常用的导线为钢芯铝绞线、钢芯铝合金绞线和钢芯铝包钢绞线(包括铝包钢绞线),《技术规程》规定钢芯铝绞线和钢芯铝合金绞线的允许温度为 70℃,钢芯铝包钢绞线(包括铝包钢绞线)可采用 80℃。2001 年国家电力公司委托华东电力设计院进行"提高导线发热允许温度的实验研究"工作,根据实验研究数据,得出以下结论。

1 对组成导线的线材:

对镀锌钢绞线,在长期加热至 100℃,其抗拉强度不低于标准值；

对经过热处理的铝合金线，温度不超过80℃时，1000h强度损失为0.5%，10000h强度损失为8%；

对硬铝线，加热100℃，20000h强度不低于标准值。

2 对钢芯铝绞线：

国内试验，钢芯铝绞线在80℃时导线强度不低于计算拉断力；

日本试验认为，钢芯铝绞线在90℃时强度即使有所损失，也能满足工程的要求；

前苏联、比利时和加拿大的试验表明，钢芯铝绞线的允许温度可以超过90℃。

3 对导线配套金具：

国外试验，IEEE资料《钢芯铝绞线金具的高温试验》的结论：只要导线温度不超过200℃，线路金具就能够安全运行；

国内试验证明，导线温度80℃时，配套金具的温度不超过67℃，金具温度在80℃以下时，对导线的握力基本没有影响(仍在导线额定拉断力的95%以上)。

4 世界各国对钢芯铝绞线规定的允许温度见表7。

表7 各国对钢芯铝绞线规定的允许温度

国　　家	温　　度(℃)
日本、美国	90
法国	85
德国、意大利、瑞士、荷兰、瑞典	80
比利时、印度尼西亚	75
中国、前苏联	70
英国	50

5 由于温度提高，导线弧垂增加，对地及交叉跨越空气间隙距离减少，将影响线路对地及交叉跨越的安全裕度。

1)以往设计按经济电流密度选择导线截面，并以最高气温弧垂来校验对地和交叉跨越的安全间距。鉴于导线达到允许温度的时间在全年运行中所占比重很小,一般不要求对允许温度弧垂校验安全距离。

对于特定的交叉跨越如200m以上档距跨越铁路、高速公路或一级公路和按允许温度选择导线截面的大跨越或跨越电力线等,规定按允许温度弧垂校验交叉跨越间距。

2)对于按发热条件选择导线截面的线路,由于常常处于其允许传输容量的运行状态,应当按提高后的允许温度的弧垂来校验规定要求的安全距离。

3)对于按经济电流密度选择导线截面的线路,提高导线允许温度的影响,主要反映在系统规划"N-1"的工况下,在调度转移负荷的短时间内,允许传输容量和导线弧垂的适当增加,导致了适当补偿导线对地面和交叉跨越距离的需要。

4)对于按经济电流密度选择导线的线路,在导线允许温度提高到80℃之前,必须按50℃弧垂校验导线对地和交叉跨越间距、做好必要的调整,并检查、恢复导线接头的良好接触传导。

5.0.7~5.0.9 第5.0.7条为强制性条文。导、地线安全系数的公式用张力表达式(根据现行国家标准《圆线同心绞架空导线》GB/T 1179中的计算拉断力,在试验中要求绞线拉断力试验结果应不小于上述计算值的95%。故拉断力实际上仅保证不小于计算拉断力的95%)。

导、地线设计安全系数取值与国外一些国家所用数值基本相近,而且经运行考验,无不良反映。

对悬挂点张力控制条件,限定其安全系数不应小于2.25,便于有关项目计算。在稀有气象条件,相应的悬挂点最大张力不应超过拉断力的77%。

5.0.10~5.0.12 根据国家标准《镀锌钢绞线》GB 1200—88标准,覆冰区,500kV~750kV线路的地线采用镀锌钢绞线时,标称截面不应小于100mm^2。地线选用镀锌钢绞线与导线配合以往设计时按表8所示。

表8 地线选用镀锌钢绞线与导线以往配合表

导线型号	LGJ-185/30及以下	LGJ-185/45～LGJ-400/50	LGJ-400/65及以上
镀锌钢绞线最小标称截面（mm²）	35	50	70

根据2008年初我国南方地区大面积冰灾的情况，受灾线路的地线由于不通电，致使地线覆冰严重，引起地线拉断及地线支架折断。因此，覆冰区加大地线截面及加强地线支架强度是提高线路抗冰能力的有效措施。

经计算，按$V=30$m/s、$C=10$mm 设计线路的导、地线过载能力，见表9。

表9 导、地线的过载能力（当 $t=-5℃$，$V=15$m/s 时）（mm）

代表档距 L_p(m)	400	500	600	700
LGJ-400/35	24.58	23.21	22.41	21.90
LGJ-400/50	26.40	24.67	23.64	22.98
GJ-80(1×7)	33.36	30.35	28.38	27.03
GJ-80(1×19)	32.76	29.87	27.99	26.71
GJ-100	36.50	33.07	30.81	29.25

按本规范第4.0.6条规定，地线覆冰厚度应比导线增加5mm，则：

1 LGJ-400/35与GJ-80相匹配。

2 LGJ-400/50与GJ-100相匹配。

针对在输电线路上大量使用光纤复合架空地线（简称OPGW），增加了对光纤复合架空地线的选用要求；光纤复合架空地线的设计安全系数，宜大于导线的设计安全系数。光纤复合架空地线应满足电气和机械使用条件的要求，重点对短路电流热容量和耐雷击性能进行校验。

5.0.13 目前运行线路上的导、地线大多采用我国以往国标电线产品,当其平均运行张力和相应的防振措施符合以往设计要求时,运行中未发现问题。导线型号和相应的铝钢截面比列入表10。

表10 运行线路导线型号和相应的铝钢截面比

导 线 型 号	铝钢截面比
LGJQ 型	8.01~8.07
LGJ 型	5.29~6.00
LGJJ 型	4.29~4.39

  1 钢芯铝绞线的铝钢截面比越小,则铝的平均运行张力越大。在本规范表5.0.13中具有良好运行经验的钢芯铝绞线铝钢截面比最小值为4.29。当采用镀锌钢绞线时,其平均运行张力上限仍可取《技术规程》规定值。如根据多年的运行经验证明所选用的年平均运行张力及相应的防振措施对导、地线的振动危险很小时,可不受规范规定值的限制。如华东电力设计院1960年前后开始在华东地区设计的220kV线路,对LGJQ型导线的平均运行应力采用66.68MPa(6.8kg/mm²),为抗拉强度的28.3%(同时采用护线条与防振锤联合使用的防振措施),可加大杆塔施放档距,一直沿用至今,运行情况良好,在220kV线路中可减少工程投资约2%。

  本规范表5.0.13中的数据是根据铝钢截面比不小于4.29的钢芯铝绞线和钢绞线的运行经验总结出来的,现行国家标准中铝钢截面比1.71的LGJ-95/55耐振性能差,在25%拉断张力下不能通过3×10^7万次振动考核,所以对铝钢截面比小于4.29的钢芯铝绞线规定列于本条第2款。

  单根导、地线及2分裂导线仍采用以往防振措施。

  4分裂导线与单根导线比较,一方面分裂导线因自身的特性改变了其周围的气流状况,削弱了振动能量;另一方面间隔棒除了消耗导线的部分振动能量外,还牵制子导线相互的同步振动,使子导线的振动强度和持续时间均大为减小,分裂根数越多,消振效果越好,甚至可达到不再需要安装防振锤的效果。国内外有关资料如下:

意大利1980年～1981年在威尼斯附近线路上实测悬垂线夹出口处动弯应变的最大值,单导线为$250\mu\varepsilon$;2分裂导线为$200\mu\varepsilon$;而3分裂导线则小于$25\mu\varepsilon$。

IEEE介绍4分裂导线的振幅可比单导线降低83%～90%。

西北电力设计院330kV工程的振动实测结果,2分裂水平排列导线的振幅约为单导线的33%～60%。

东北电力设计院1978年在电力建设研究所进行500kV元锦辽线消振性能试验,4分裂导线采用单铰式间隔棒,次档距为64m,端次档距为35m,仅有0.1%的时间振动角超过10′,而装有防振锤的单导线则有0.2%的时间振动角超过10′。

华东电力设计院1983年在电力建设研究所进行的500kV淮繁线消振性能试验中,4分裂导线采用阻尼间隔棒时,在线夹出口处导线的动弯应变为不装间隔棒时的50%左右。

湖北省电力局超高压输变电局实测500kV平武线4分裂导线振动的结论为,装有间隔棒的一般线路,档距小于500m时可以不采取防振措施。

日本的500kV线路普遍不装防振锤。

前苏联1986年版《电气设备安装规程》提出:在开阔地带,单根钢芯铝绞线年平均运行应力超过40MPa应采取防振措施,而在相同条件下的2分裂钢芯铝绞线当年平均运行应力提高至大于45MPa时才要求采用防振措施。对3分裂和4分裂导线,当安装有间隔棒时,就不要求有防振措施(不包括跨越河流、水库和其他水域时档距大于500m的跨越段)。

到1994年底我国投运的500kV线路已超过10000km,除个别大跨越外,导线均采用4分裂阻尼间隔棒。据有关专家提出档距在500m及以下没采用防振措施的线路,运行中未发现因振动断股而威胁线路的安全运行。

根据以上资料和国内线路的运行经验,对4分裂导线安装阻尼间隔棒的线路,当导线平均运行张力满足本条文的规定值,档距在500m及以下可不需要防振措施。如有可靠的运行经验也可适当放宽此项限值。

2 采用本规范第5.0.13条第1款以外的导、地线,其允许平均运行张力的上限及相应的防振措施,应根据当地的运行经验或通过试验确定,也可采用制造厂家提供的技术资料。

在500kV淮繁线及徐江线中采用LGJT—95钢芯铝绞线(与LGJ—95/55结构相同)作良导体地线,铝钢截面比为1.71,分别于1985年11月和1986年11月竣工;浙江省电力设计院在500kV北绍二回线中采用LGJ—95/55作良导体地线,于1993年7月投入运行。以上三条线路良导体地线的防振设计原则为,按年平均气温时良导体地线的铝部应力不超过当地有运行经验钢芯铝绞线的铝部应力作为控制条件,确定其平均运行张力的上限,运行中未发现问题。

3 对于大跨越导、地线防振技术要求,目前国内大跨越导、地线防振措施有:纯防振锤防振方案,阻尼线防振方案,阻尼线加防振锤联合防振方案,交叉阻尼线加防振锤联合防振方案,圣诞树阻尼线防振方案等,具体的大跨越导、地线防振方案应根据运行经验或通过实验来确定。

由于各地发生导线微风振动事故很多,危害也很大,在运行中也要求一般线路每5年,大跨越每2年测振一次,但我国导线微风振动许用动弯应变没有统一标准,结合国内外情况,参照电力建设研究所企业标准,提出各种导线的微风振动许用动弯应变值,供设计人员参考。悬垂线夹、间隔棒、防振锤等处导线上的动弯应变宜不大于表11所列值。

表 11 导线微风振动许用动弯应变表(με)

序号	导线类型	大跨越	普通档
1	钢芯铝绞线、铝包钢芯铝绞线	±100	±150
2	铝包钢绞线(导线)	±100	±150
3	铝包钢绞线(地线)	±150	±200
4	钢芯铝合金绞线	±120	±150
5	全铝合金绞线	±120	±150
6	镀锌钢绞线	±200	±300
7	OPGW(全铝合金线)	±120	±150
8	OPGW(铝合金和铝包钢混绞)	±120	±150
9	OPGW(全铝包钢线)	±150	±200

5.0.14 输电线路通过导线易舞动地区时,应适当提高线路抗舞动能力,并预留导线防舞动措施安装孔位。辽宁省的鞍山、丹东、锦州一带,湖北省的荆门、荆州一带是全国范围内输电线路发生舞动较多的地区,导线舞动对线路安全运行所造成的危害十分重大,诸如线路频繁跳闸与停电,导线的磨损、烧伤、断线,金具及铁塔部件损坏等,可能导致重大的经济损失与社会影响。

现行的防舞动措施,概括起来大约可分为三大类:其一,从气象条件考虑,避开易于形成舞动的覆冰区域与线路走向;其二,从机械与电气的角度,提高线路系统抵抗舞动的能力;其三,从改变与调整导线系统的参数出发,采取各种防舞装置与措施,抑制舞动的发生。防舞动装置有集中防振锤、失谐摆、双摆防舞器、终端阻尼器、空气动力阻尼器、扰流防舞器、大电流融冰等,国内目前用得较多的防舞动装置为集中防振锤、失谐摆、双摆防舞器等。各个工程的具体防振方案可通过运行经验或试验确定。

5.0.15 对未张拉过的导、地线受力后除产生弹性伸长和塑性伸长外,还随着受力的累积效应产生蠕变伸长。塑性伸长及蠕变伸长均为永久变形(以下简称塑性伸长)。为考虑塑性伸长对弧垂的影响,线路理想的施工工艺是按塑性伸长曲线(蠕变曲线)架设导、地线。我国电线制造厂家目前不提供塑性伸长曲线,对新国标的电线产品又无系统的塑性伸长资料,故导、地线的塑性伸长相应的降温值仍取《技术规程》的采用值。《技术规程》对钢芯铝绞线塑性伸长采用值见表12。

表12 《技术规程》钢芯铝绞线塑性伸长采用值

电线型号	铝钢截面比	塑性伸长
轻型钢芯铝绞线(LGJQ型)	8.01～8.07	4×10^{-4}～5×10^{-4}
钢芯铝绞线(LGJ型)	5.29～6.00	3×10^{-4}～4×10^{-4}
加强型钢芯铝绞线(LGJJ型)	4.29～4.39	3×10^{-4}

对现行国家标准《圆线同心绞架空导线》GB 1179中铝钢截面比为4.29～7.91者,其长期运行后产生的塑性伸长取值见表13。

表13 钢芯铝绞线塑性伸长采用值

铝钢截面比	塑性伸长取值
7.71～7.91	4×10^{-4}～5×10^{-4}
5.05～6.16	3×10^{-4}～4×10^{-4}
4.29～4.38	3×10^{-4}

目前,输电线路输送容量增大,输电线路中大量选用大铝钢截面比导线,如630、720导线,为此在钢芯铝绞线塑性伸长表及钢芯铝绞线降温值表中补充铝钢截面比11.34～14.46的内容,并提出对更大铝钢截面比的钢芯铝绞线或钢芯铝合金绞线应采用制造厂家提供的塑性伸长值或降温值。

当无资料时,铝包钢绞线(导电率为14%IACS、20.3%IACS)的塑性伸长可采用1×10^{-4},并降低温度10℃补偿,其他导电率的铝包钢绞线应采用制造厂家提供的塑性伸长值或降温值。

6 绝缘子和金具

6.0.1 悬式绝缘子机械强度的安全系数参考 IEC 标准。

绝缘子组合可由几个分支组成,整个组合称为"串",其中分支称"联"。多联绝缘子串一般用于重要跨越,大垂直档距情况或耐张串。这些场合修复都较困难,且若事故扩大则后果严重。增加此条的目的是为了防止断联后再扩大事故。500kV 董王线、江黄线都发生过双联悬垂串断一联,由于另一联的支持作用,避免了导线落地。

表 14 是各国对金具、绝缘子机械强度所规定的安全系数和最大允许荷载的标准。

表 14 各国绝缘子和金具的安全系数

国名	标准名称	强度设计方式	安全系数(最大允许荷载)		备 注
			绝缘子	金具	
美国	NESC(1977)	A	2.0～2.5	—	按加荷性质分别使用
	B.P.A	B	(100%RUS)	—	
加拿大	CSA－C223(1970)	A	2.0	—	
	Ontario Hydro	B	(60%～85%RUS)	(60%～85%RUS)	按加荷性质分别使用
	Hydro Quebec	B	(70%RUS)		—
法国	技术标准(1970)	A	3.0		
	EdF	B	(60%RUS)	(60%RUS)	覆冰
德国	VDE0210(1969)	A	3.0～3.6	2.5～5.0	按绝缘子种类、金具材质不同,分别使用
瑞典	SEN-3601(1961)	A	2.0～3.0	2.0	按绝缘子不同分别使用
前苏联	(1985)	A	2.7	2.5	
日本	电气设备技术标准(1976)	A	2.5	2.5	—
	JEAC6001(1978)	A	2.5	2.5	—
	JEC-127(1979)	B	(60%RUS)	(60%RUS)	—

注:强度设计方式:A——对应于最大平均荷载,取适当的安全系数;B——对应于极限荷载,取标称强度适当的百分比;RUS——标称极限强度。

常年荷载安全系数主要是针对瓷绝缘子老化率的。东北电力设计院和中国电力科学研究院对250万片年瓷绝缘子作了调查统计,得出了耐张串的老化率明显大于悬垂串的结论,而耐张串的常年荷载是绝大多数悬垂串的1.6倍～1.8倍,说明绝缘子老化率与常年荷载有较密切的关系。运行中的耐张串常年荷载相应的安全系数绝大多数大于4.5,但尚有少量的耐张串及悬垂串常年荷载安全系数小于此值,鉴于上述统计结果,绝缘子老化严重者必然较集中于这少量的塔位上。特别是在无冰区段和少冰区段,如果仅仅按最大使用荷载来选择悬垂串的允许垂直档距,则垂直档距可以放得很大,而常年荷载安全系数就可能小于4.0。根据前苏联的统计,常年荷载安全系数小于4.0时,瓷绝缘子老化率将急剧升高,而这种垂直档距较大的塔位,大多位于维修较困难的地段。因此必须对常年荷载予以限制,其相应的安全系数日本限制大于或等于4.0,因该国绝缘子质量较好,前苏联和东欧各国则大于或等于5.0。近年来我国瓷绝缘子质量有很大的提高,取4.0对绝大多数耐张串及常用档距下的悬垂串都能满足要求,是较为合适的。

玻璃绝缘子经过长期运行后自爆率呈下降趋势。220kV鸡勃线和220kV神原线分别运行30年和15年后机械和电气性能均无下降,说明没有像瓷绝缘子那样的老化现象,而且目前的工艺水平比上述线路所用的产品有较大幅度的提高。但为安全起见,玻璃绝缘子常年荷载安全系数取值与瓷绝缘子一致。

国内自20世纪80年代末开始批量使用复合绝缘子,荷载设计安全系数大都为3.0,至今运行情况良好,虽出现极个别串脆断,多属产品质量问题。故复合绝缘子最大使用荷载设计安全系数取3.0较为合适。20世纪90年代开始使用瓷棒绝缘子,根据德国运行经验最大使用荷载设计安全系数取3.0,运行情况良好。

6.0.2 热镀锌仍是金具有效的防腐措施。为了给今后采用更有效的措施留有余地,因此也规定可以采取其他防腐措施。

6.0.3 本条为强制性条文,金具强度安全系数取值与国外一些国家所用数值基本相近,经运行考验,无不良反映。

双联串也可采用两个单联分别悬挂的方式,但仍应视为双联串;4联也可分为2个双联串分别悬挂的方式,但断联时的机械强度应按各单元承担的荷载分别计算。

6.0.4 绝缘子串及金具防止发生电晕的措施,一般可采用均压环屏蔽环、抬高导线位置及金具自身防电晕等办法。防电晕的目的主要是控制无线电干扰,对于减少电能损耗及防止金具腐蚀也有作用。

一般认为绝缘子的无线电干扰是恒定电流源产生,因此可取与试品串联的检测电阻的两端电压来进行度量,所测得的电压称为无线电干扰电压(RIV),通常用dB单位表示,且取$1\mu V$为0dB,一般每相绝缘子串干扰电压上限为60dB。测量方法可按现行国家标准《电力金具电晕与无线电电压试验方法》GB 2317.2或参考美国全国电气制造商协会(NEMA)法、国际无线电干扰特别委员会(CISPR)法及IEC 1284"电晕和无线电干扰电压试验"。

6.0.5 运行经验及机理分析证明:单片绝缘子一旦老化,钢帽与钢脚之间将形成电气通路,通过电流而发热,以致烧熔胶装水泥或绝缘体,导致地线落地。因此,一般宜采用单片双联、两片单联或非击穿型绝缘子。

6.0.6 当直流系统以大地返回方式运行(特别是大电流运行)时,由于大地电位升高,直流地电流可能通过杆塔和地线从一个杆塔流进,从另一个杆塔流出,从而导致杆塔和基础被腐蚀。根据模拟计算,如距离大于10km,接地极地电流可能导致杆塔及基础的腐蚀量是很轻微的,可以忽略不计。

此外,如果输电线路与接地极很近,当直流系统以大地返回方式运行(特别是大电流运行)时,地电流可能通过杆塔和地线返回到换流站(变电站)接地网,再通过接地网、中性点接地的变压器流入到交流系统中,从而导致变压器磁饱和。缓解或消除接地极地电流对杆塔的腐蚀影响,需将靠近接地极的线路地线进行绝缘。

6.0.7 与横担连接的第一个金具受力较复杂,国内早期运行经验已经证明这一金具不应采用可锻铸铁制造的产品;1988年发生在500kV大房线上的球头断裂事故证明:第一个金具不够灵活,不但本身易受磨损,还将引起相邻的其他金具受到损坏。因此在选择第一个金具时,应从强度、材料、型式三方面考虑。国外对此金具也有特殊考虑的事例,加拿大不列颠哥伦比亚省水电局是采取提高一个强度等级的措施;日本则通过疲劳、磨损等试验对各种金具型式进行选择;意大利设计了一种两个方向的回转轴心基本上在同一个平面上的金具,使得两个方向转动都较灵活。因此,对联塔第一个金具的选择,除了要求结构上灵活外,同时要求强度上提高一个等级。

6.0.8 在输电线路设计中,为了缩小走廊宽度,减少悬垂串的风偏摇摆,V型串的使用日趋广泛,根据试验和设计研究成果,330kV以上输电线路悬垂V型串两肢间夹角之半可比最大风偏角小$5°\sim10°$,或通过试验确定。

6.0.9 在路径选择时应尽量避开易发生舞动地区,无法避让时,要采取措施提高线路的机械强度,并安装抑舞动装置。

6.0.10 根据2008年初我国南方地区覆冰灾害情况的分析,为防止或减少重要线路冰闪事故的发生,需采取增加绝缘子串长和采用V型串、八字串等措施。

7 绝缘配合、防雷和接地

7.0.1 110kV～750kV线路悬垂型杆塔上悬垂绝缘子串的绝缘子片数选择，一般需满足能耐受长期工频电压的作用和能耐受设计操作过电压，至于雷电过电压除大跨越外一般不作为选择绝缘子片数的决定条件，仅作为校验线路的耐雷水平是否满足要求。这些设计原则的合理性已为我国几十年来的线路运行经验所证实。

7.0.2 本条为强制性条文，110kV～220kV架空输电线路悬垂型杆塔上悬垂绝缘子串的绝缘子片数的合理性已为运行经验所证实。根据《110～500kV架空送电线路设计规范报批稿专家讨论会纪要》（电规送[1997]32号），将330kV操作和雷电过电压要求的片数改为17片，以与其操作过电压倍数2.2相适应。对500kV线路，按操作过电压选择绝缘子片数时，应考虑到过电压与绝缘子串绝缘放电强度二者均为随机变量，选定的绝缘子片数应保证线路有一可以接受的绝缘子闪络率。按行业标准《交流电气装置的过电压保护和绝缘配合》DL/T 620—1997第10.2.1条，线路绝缘子串操作过电压统计配合系数K_1不应小于1.25，500kV线路采用25片单片绝缘子、高度为155mm的绝缘子组成的悬垂绝缘子串时可以满足此要求，并且绝缘子串在操作过电压作用下闪络率非常之低。

运行经验表明，由于耐张绝缘子串受力比悬垂绝缘子串大，容易产生零值绝缘子。为了补偿它对操作过电压放电强度的影响，要求耐张串绝缘子片数在本规范表7.0.2基础上适当增加，对110kV～330kV输电线路加1片，对500kV输电线路增加2片。

7.0.3 全高超过40m有地线的杆塔，高度每增加10m应增加1

片绝缘子。由于高杆塔防雷而增加绝缘子数量时,按照绝缘配合要求,雷电过电压的间隙也要相应增加。

750kV线路杆塔较高(据750kV官兰线统计,平均呼高为44.3m,已超过40m),其耐雷水平按现行规程法计算32片结构高度170mm绝缘子耐雷水平已超过150kA要求,而且西北地区(除陕南外),平均雷暴日一般在20d及以下,雷电流幅值较小,对其高杆塔,可根据实际情况(雷暴日,接地电阻值),计算确定是否需要增加绝缘子片数。

7.0.4 根据有关规定,新建的110kV～750kV输电线路的绝缘配置应以污区分布图为基础,并综合考虑环境污染变化因素。对于0、Ⅰ级污区,可提高一级绝缘配置;对于Ⅱ、Ⅲ级污区,按照上限进行配置,同时应结合线路附近的污秽和发展情况,绝缘配合应适当留有裕度;对于Ⅳ级污区,应在选线阶段尽量避让,如不能避让,应在设计和建设阶段考虑采用大爬距绝缘子或复合绝缘子,同时结合采取防污闪涂料等措施。标准分级见附录B。

7.0.5 绝缘子型式和片数一般都按网省公司审定的污区分布图,结合现场污秽调查,由工频电压下的单位爬电距离决定线路的绝缘子片数。

当采用爬电比距法时,其中的绝缘子爬电距离有效系数K_e,主要由各种绝缘子几何爬电距离在试验和运行中所对应的污耐压来确定;并以XP-70、XP-160型绝缘子为基准,其K_e值取为1。K_e应由试验确定。不同类型的悬式绝缘子的积污性能大不相同。根据实测,普通型、双伞型和钟罩型绝缘子的自然积污量之比约为1:(0.3～0.5):(1.0～1.4)。从发生污闪的500kV东南5263线上取下的南瓷浅钟罩结构LXP型玻璃绝缘子,可以看出其下表面非常脏污,而且其结构也不利于进行有效的清揩。深钟罩结构自贡FC型玻璃绝缘子的脏污程度比之更严重,清揩效果更差。

国家标准《高压架空线路和发电厂、变电所环境污区分级及外绝缘选择标准》GB/T 16434—1996 中各污秽等级所对应的参考盐密,均指由普通型绝缘子悬垂串上测得的值,其他类型应按实际积污量加以修正。绝缘子爬电距离有效利用系数 K_e 值能综合地体现悬式绝缘子的结构造型和自然积污量。K_e 值的计算公式为:

$$K_e = E_{C1}/E_{C2} \tag{8}$$

式中:E_{C1}——相同自然条件,相同积污期内被试绝缘子积污盐密值的人工污闪电压梯度;

E_{C2}——相同自然条件,相同积污期内基准绝缘子积污盐密值的人工污闪电压梯度。

常用绝缘子的 K_e 值可根据国家标准《高压架空线路和发电厂、变电所环境污区分级及外绝缘选择标准》GB/T 16434—1996 附录 D 中给出的污闪电压回归方程计算。以深棱型绝缘子 XWP_5-160 为例,以 XP-160 为基准绝缘子,并假设二者的积污盐密比为 1.1:1,则 XWP_5-160 的 K_e 值在Ⅰ、Ⅱ级污区约为 0.90,在Ⅲ、Ⅳ级污区约为 0.88。其他类型的绝缘子可根据其积污特性计算。根据 GB/T 16434—1996 附录 D 中实例,双伞型绝缘子的 K_e 值可取为 1。

在国家标准《高压架空线路和发电厂、变电所环境污区分级及外绝缘选择标准》GB/T 16434—1996 标准的附录 D 中并没有给出大爬距钟罩型绝缘子的污闪电压回归方程。江苏省电力公司和日本 NGK 绝缘子公司技术研究所开展了国际合作项目,评估钟罩型绝缘子的污耐压特性。试验结果如图 1。

由于上述绝缘子的结构高度相同,绝缘子的 K_e 值可由单位高度污耐压和爬距确定。以 XP-160 为基准的各绝缘子的 K_e 值分别为:

双伞型:0.99;   三伞型:1.13;
小钟罩型:0.77;   大钟罩型:0.76。

几种常见绝缘子爬电距离有效系数 K_e 见表 15 所示。

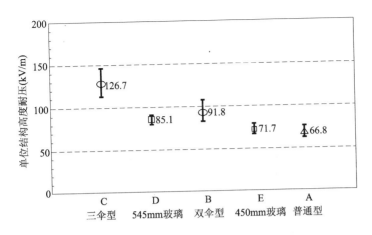

图1 各类型式绝缘子单位结构高度的污耐压值比较

表15 常见绝缘子爬电距离有效系数 K_e

绝缘子型号	盐密（mg/cm²）			
	0.05	0.10	0.20	0.40
浅钟罩型绝缘子	0.90	0.90	0.80	0.80
双伞型绝缘子（XWP$_2$-160）	1.0			
长棒型瓷绝缘子	1.0			
三伞型绝缘子	1.0			
玻璃绝缘子（普通型 LXH-160）	1.0			
深钟罩玻璃绝缘子	0.8			
复合绝缘子	≤2.5(cm/kV)		>2.5(cm/kV)	
	1.0		1.3	

各类绝缘子的造型图及典型型号见表16。

表16 各类绝缘子的造型图及典型型号

造型名称、材质		造型图	典型绝缘子型号	主要生产厂家
普通型	瓷质		XP 系列	大连电瓷厂 苏州电瓷厂
			CA5 系列	唐山 NGK
	玻璃		LXY 系列 LXP 系列	南京电瓷厂
			FC 系列	自贡塞迪维尔
钟罩型、深棱型	瓷质		XHP 系列	大连电瓷厂 苏州电瓷厂
			XWP_5 系列	大连电瓷厂
			LXHY 系列	南京电瓷厂
			FCP 系列	自贡塞迪维尔
双伞型			XWP 系列 XWP_1 系列 XWP_2 系列	大连电瓷厂 苏州电瓷厂
			CA88 系列	唐山 NGK
三伞型			XSP 系列	大连电瓷厂
			CA87 系列	唐山 NGK

7.0.6 水平放置的耐张绝缘子串容易受雨水冲洗,其自洁性较悬垂绝缘子串好,运行经验表明,耐张绝缘子串很少污闪,因此在同一污区内,其爬电距离可较悬垂串减少。

7.0.7 运行经验表明,在轻、中污区复合绝缘子爬距不宜小于盘型绝缘子。在重污区不应小于盘型绝缘子限值的3/4且不小于2.8cm/kV。新建输电线路棒形悬式复合绝缘子的爬距可按如下原则配置:对2.5cm/kV及以下污区使用的复合绝缘子,其爬电比距选用2.5cm/kV;对2.5cm/kV以上的污区,选用2.8cm/kV。由于复合绝缘子两端有均压装置,使复合绝缘子的有效绝缘长度减小,而线路耐雷水平与绝缘长度密切相关,因此强调其有效绝缘长度应满足雷电过电压的要求。

7.0.8 高海拔地区,随着海拔升高或气压降低,污秽绝缘子的闪络电压随之降低,高海拔所需绝缘子片数按式(7.0.8)修正。

根据国家电力公司科学技术项目"西北电网750kV输变电工程关键技术研究"中的《高海拔区750kV输变电设备外绝缘选取方法及绝缘子选型研究》课题,各种绝缘子的 m_1 值见本规范附录C。

7.0.9 本条为强制性条文,规定了空气间隙的取值。

1 风偏后导线对杆塔的最小空气间隙,应分别满足工频电压、操作过电压及雷电过电压的要求。

2 本规范表7.0.9-1"110kV~500kV带电部分与杆塔构件的最小间隙"采用《技术规程》第9.0.6条规定数据,并与《交流电气装置的过电压保护和绝缘配合》DL/T 620—1997第10.2.4条的规定保持一致。

3 本规范表7.0.9-2为"750kV带电部分与杆塔构件的最小间隙"。

研究导线对杆塔空气间隙的电气强度时,由于使用的杆塔结构和导线组合是各式各样的,所以已经发表的试验数据有很大的差别。

前苏联的研究表明,导线距横担、导线距塔身的距离相同的情况下,这些绝缘间隙的电气强度相同。但是,杆塔结构和导线在杆塔上的布置方式,均对导线与杆塔间隙的电气特性产生影响。门型塔边相导线对塔身间隙的放电电压,比在两根立柱间的中相导线闪络电压高;远离立柱的导线-横担间隙,其放电电压将更高;塔窗中导线对杆塔构件间隙的放电电压最小。随着 $U_{50\%}$ 的降低,放电电压的分散性减少,见表17。

表17 导线与杆塔间隙的电气特性

间隙型式	σ_1	σ_Σ
导线—横担	0.076	0.079
导线—横担和立柱(塔身)	0.066	0.069
导线—横担和双立柱	0.058	0.061
导线处于塔窗内	0.051	0.055

此外,放电电压与对应导线位置的塔身宽(W)之间,可以确立下列关系式:

$$U_{50\%}(W) = U_{50\%}(1) \cdot (1.03 - 0.03W) \quad (9)$$

式中:$U_{50\%}(1)$——塔身宽 $W=1\mathrm{m}$ 时的放电电压,$0.02\mathrm{m} \leqslant W \leqslant 5\mathrm{m}$。

《345kV及以上输电线路设计参考手册》中对操作过电压的塔宽修正(见图2)。

两种塔宽-操作冲击放电电压修正结果相差约2%,后者略大。建议工频电压按第一种方法进行塔宽修正,操作冲击放电电压按第二种方法进行塔宽修正。

1)工频电压间隙确定。

工频电压下的空气间隙距离选择时考虑以下因素:

①最大工作电压;

②最大设计风速；

③多间隙($m=100$)并联对放电电压的影响。

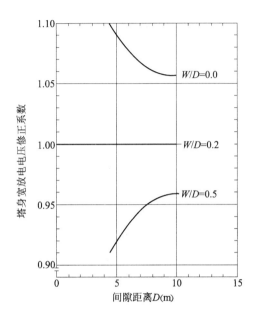

图2 塔宽-操作冲击放电电压修正因子

要求的单间隙的50%放电电压$U_{50\%}$按下式计算：

$$U_{50\%}=\frac{U_m/\sqrt{3}}{(1-Z\sigma_1)(1-3\sigma_m)} \qquad (10)$$

式中：U_m——最高运行电压（峰值）(kV)；

Z——系数，取2.45；

σ_1——单间隙的变异系数，取0.03；

σ_m——多间隙的变异系数，取0.012。

$$U_{50\%}=\frac{U_m/\sqrt{3}}{(1-2.45\times0.03)(1-3\times0.012)}=1.12U_m/\sqrt{3} \qquad (11)$$

导线对杆塔间隙的距离与其间隙的工频放电电压（幅值）关系曲线见图3。

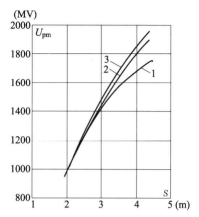

图3 导线对杆塔间隙的距离与其间隙的工频放电电压(幅值)关系曲线

1—分裂导线根数 $n=2, r_p=0.2m$；2— $n=8, r_p=0.6m$；
3— $n=12, r_p=1.5m$

前苏联根据工频试验，$U_{50\%}$ 按下式计算，与我国试验结果符合。

$$U_{50\%}=0.5D \quad (12)$$

式中：$U_{50\%}$——工频放电电压(峰值)(MV)；

D——间隙距离(m)。

长间隙和绝缘子的交流闪络特性见图4。

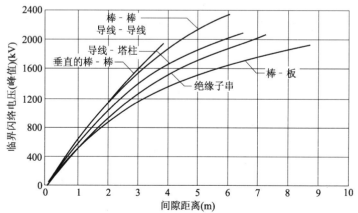

图4 长间隙和绝缘子的交流闪络特性

西安高压电器研究所进行的导线-杆塔空气间隙工频干放电试验所得经验公式：

$$U_{50\%(有效值)} = 318 \cdot D + 32, \quad 0.5\text{m} \leqslant D \leqslant 2.5\text{m} \quad (13)$$

"西北电网750kV输变电工程关键技术研究"相关课题研究结论,工频50%放电电压与间隙距离的关系见图5。

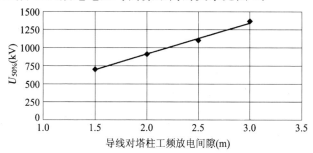

图5 导线对杆塔立柱的工频放电特性曲线

2）操作过电压间隙确定。

操作过电压下的空气间隙距离选择时考虑以下因素：

①沿线统计（2%）操作过电压水平 U_s 为 1.8p.u. 和 1.7p.u.；

②计算风速为 0.5 倍的最大设计风速。

一种方法是考虑多间隙（$m=100$）并联对放电电压的影响；

单空气间隙的操作冲击放电电压 $U_{50\%}$ 按下式计算：

$$U_{50\%} = \frac{U_s}{(1-Z\sigma_1)(1-3\sigma_m)} \quad (14)$$

$$U_{50\%} = \frac{U_s}{(1-2.45\times0.06)(1-3\times0.024)} = 1.263U_s \quad (15)$$

式中：U_s——操作过电压(kV)；

Z——系数,取 2.45；

σ_1——单间隙的变异系数,取 0.06；

σ_m——多间隙的变异系数,取 0.024。

另一种方法是现行行业标准《交流电气装置的过电压保护和

绝缘配合》DL/T 620 中介绍的近似统计法:

①操作过电压变异系数:0.10;

②长波头时,单间隙变异系数:0.06;

③绝缘配合系数 $k=1.27$ 时对应单间隙的闪络概率:2.341×10^{-5};

④考虑 400km 长线路中,20%的线路上统计(2%)操作过电压水平 U_s 为 1.8p.u. 和 1.7p.u.,相当于有 160 个间隙(平均档距为 500m),其中一个间隙闪络的概率为 3.739×10^{-3}。

两种方法得出的绝缘配合系数相差很小,对操作过电压间隙选择影响不大,计算中取绝缘配合系数 $k=1.27$。

根据试验数据,在塔窗内的空气间隙,其 50%的放电电压比导线-横担间隙放电电压低 8%($\sigma=7.6\%$)。而塔窗内空气间隙 50%放电电压偏差 σ(5.1%)比导线-横担间隙的偏差 σ 小 30%。导线周围铁塔构件数量增多时,50%放电电压 $U_{50\%}$ 和偏差 σ 同时降低。于是当铁塔断面相同时,对铁塔的各类间隙,$U_{50\%}-3\sigma$ 的电压水平为:

$$U_{0.13\%}=U_{50\%}(1-3\sigma) \quad (16)$$

实际上是相同的(如图 6 曲线 5)。

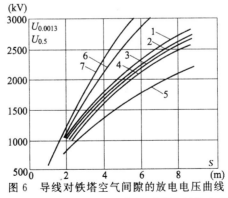

图 6 导线对铁塔空气间隙的放电电压曲线

注:导线距铁塔所有构件(横担、立柱、下横梁)的距离相等时,导线对铁塔空气间隙的放电电压曲线 1~4、6、7—50%放电电压;1~5—操作过电压冲击;6、7—

大气过电压冲击;1~6—正极性;7—负极性曲线;1—导线对横担;2、6、7—导线对横担及立柱;3—导线对横担及两立柱;4—导线处于塔窗内;5—导线对上述列举的所有铁塔结构的通用放电电压(0.13%)。

长度为 $D(\mathrm{m})$ 间隙的操作冲击 50% 放电电压 $U_{50\%}$ 还可按下式求得:

$$U_{50\%}=3400K/(1+8/D) \tag{17}$$

式中 k 的取值见表18。

表18 各种结构的间隙系数

结 构 类 别	K
棒-平面	1.00
导体-平面	1.15~1.20
导体-塔头	1.15~1.20
导体-塔腿	1.25~1.35
垂直棒-棒	1.40~1.73
水平棒-棒	1.36
导体在构架上	1.15

临界闪络电压 $U_{50\%}$ 与间隙距离的关系(见图7)。

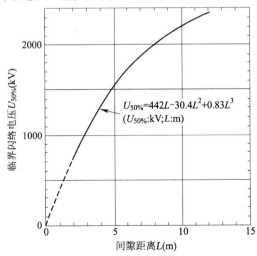

图7 杆塔窗口间隙的操作波闪络强度

"西北电网750kV输变电工程关键技术研究"模拟塔操作过电压放电试验(塔身宽度 $W=1.4m$)曲线(见图8、图9)。

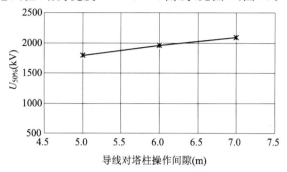

图8 边相操作波试验放电特性曲线(导线-塔柱)

(波前时间 $250\mu s$)

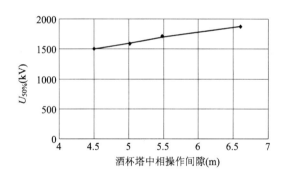

图9 中相操作波试验放电特性曲线(导线-塔柱)

(波前时间 $250\mu s$)

1)塔宽变化对放电电压的影响。

杆塔的宽度是影响杆塔操作波闪络强度的一个重要因素,研究认为应进行塔宽修正。

国网武汉高压研究院750kV同塔双回的试验结果。当塔身宽分别为2m和5m时,调整导线与塔腿的最小间隙距离 d 分别为4m、4.5m、5m和5.5m时,分别施加长波前($720\mu s$),求取50%

放电电压,试验结果如图10所示。

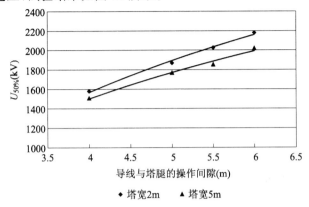

图10 塔腿宽度对操作冲击放电电压的影响(波前时间720μs)

由试验数据可知,塔宽为5m时的操作冲击50%放电电压比塔宽为2m时的操作冲击50%放电电压平均低约6%。

2)操作冲击波头长度对放电电压的影响。

操作波波形对间隙闪络强度起着重要的作用。对任何一个特定形状的间隙而言,所加的操作波有一个特殊的波头时间,在这个波头下操作波闪络强度将最小。

前苏联对电网中操作过电压的研究表明,操作过电压波头长度为600μs～4500μs,线路全部过电压中有90%以上的波头长度大于1000μs。我国针对500kV电网的研究表明,操作过电压的波头长度在绝大多数情况下都超过2000μs。对于750kV输电线路,操作过电压的波头长度比500kV输电线还要长,可能达数千微秒。750kV兰—平—乾输电线路工程内过电压的研究表明,线路操作过电压的波头长度一般均在2150μs以上。因此长波头(波头时间＞1000μs)的操作冲击试验尤为重要。操作冲击波头长度对放电电压的影响仍然是外绝缘试验中需要研究的课题。因此,在750kV相关课题研究中,当导线至塔腿间隙距离为5m时,对施加操作波的波头长度分别为100μs、250μs、435μs、720μs和5000μs

操作冲击电压进行了试验。

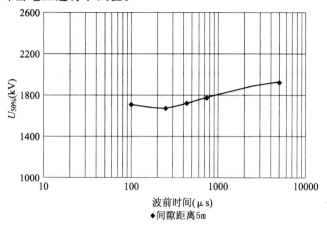

图 11 导线至塔腿间隙50%放电电压与波前时间的关系

从图11可以看出,波头长度为$120\mu s \sim 300\mu s$左右时的放电电压最低。通常把出现最低放电电压的波头长度称为临界波头长度。波头长度大于临界波头长度时,50%放电电压又随之升高。这就是通常所说的放电电压与波头长度的"U"形曲线。波头长度($5000\mu s$)的操作冲击50%放电电压比$250\mu s$操作冲击50%放电电压高约15.4%左右;比$720\mu s$操作冲击50%放电电压高约8.2%左右;波头长度($2000\mu s$)的操作冲击50%放电电压比$250\mu s$操作冲击50%放电电压高约11.9%。

对塔头操作过电压的空气间隙确定,还应考虑塔宽、操作波波形的影响。

考虑750kV线路导线处杆塔塔身宽度(约3.0m)、操作过电压波头长度(大于$1000\mu s$)的影响,最小间隙如本规范表7.0.9-2所示。

3)雷电过电压间隙确定。

如因高海拔而需增加绝缘子数量,则雷电过电压最小间隙也应相应增大。在雷电过电压情况下,其空气间隙的正极性雷电冲击放电电压应与绝缘子串的50%雷电冲击放电电压相匹配。不必按绝缘子串的50%雷电冲击放电电压的100%确定间隙,对750kV线路只需按绝缘子串的50%雷电冲击放电电压的80%确定间隙(污区该间隙可仍按0级污区配合),即按下式进行配合。

$$U_{50\%}=80\% \cdot U_{50\%} \tag{18}$$

式中:$U_{50\%}$——绝缘子串的50%雷电冲击放电电压(kV);其数值可根据绝缘子串的雷电冲击试验获得或由绝缘长度求得。

边相:$U_{50\%}=530l+35$　　(3.5m<l<5m)　　(19)

中相:$U_{50\%}=531l$　　(3.72m<l<6.2m)　　(20)

式中:l——绝缘子串绝缘长度(m)。

雷电冲击放电电压$U_{50\%}$与空气间隙的关系可由下式确定:

$$U_{50\%}=615D(悬垂型杆塔导线与塔柱) \tag{21}$$

$$U_{50\%}=552D(ZB塔中相V型串) \tag{22}$$

式中:D——空气间隙(m)。

式(21)和式(22)为"西北电网750kV输变电工程关键技术研究"相关课题研究结论。

750kV单回带电部分与杆塔构件的最小间隙,见表19。

表19　750kV单回带电部分与杆塔构件的最小间隙(m)

标称电压(kV)		750		
海拔高度(m)		0	500	1000
工频电压		1.70	1.80	1.90
操作过电压	边相I型串	3.60(3.30)	3.80(3.50)	4.00(3.70)
	中相V型串	4.40(4.00)	4.60(4.20)	4.80(4.40)
雷电过电压		4.20	4.20	4.20

注:表中括号内数据为沿线统计(2%)操作过电压水平U_s为1.7p.u.时的最小间隙。

7.0.10 本条为强制性条文,规定了带电作业间隙的取值,在现行国家标准《带电作业工具基本技术要求与设计导则》GB/T 18037中,规定可以接受的危险率水平为1.0×10^{-5}。

检修人员停留在线路上进行带电作业时,系统不可能发生合闸空载线路操作,并应退出重合闸,而单相接地分闸过电压是确定带电作业安全距离时必须考虑的过电压。

操作过电压幅值一般用 $U_{max}=U_{50\%}(1+3\sigma)$ 及 $U_{2\%}=U_{50\%}(1+2.05\sigma)$ 来表示。在正态分布中,U_{max} 指大于它的过电压值出现的概率仅 0.135%,$U_{2\%}$ 指大于它的过电压值出现的概率为 2%。

在决定带电作业间隙时,考虑到带电作业人员的安全,操作过电压的幅值按 U_{max} 计算。

"西北电网 750kV 输变电工程关键技术研究"课题《西北750kV 输电线路带电作业试验研究》的研究结论见表 20。

表20 带电作业最小安全间隙距离(m)

海拔高度 H(m)	标准气象条件	1000	1500	2000	2500	3000
最小安全间隙距离 S（边相Ⅰ型串）	3.60	4.00	4.30	4.60	4.90	5.20
最小组合间隙距离 S_c（边相Ⅰ型串）	3.90	4.30	4.50	4.80	5.10	5.40
最小安全间隙距离 S（中相V型串、对塔窗侧边）	3.90	4.30 (4.40)	4.60	4.80 (4.90)	5.10 (5.20)	5.50
最小安全间隙距离 S（中相V型串、对塔窗顶部）	4.80	5.20	5.30 (5.40)	5.50 (5.60)	5.80	6.00
最小组合间隙 S_c（中相V型串）	4.00	4.40	4.70	4.90	5.20	5.60

注:( )中数值适用于拉V塔。

对操作人员需要停留工作的部位,还应考虑人体活动范围 0.5m。

前苏联各电压等级带电作业间隙见表 21。

表21 前苏联各电压等级带电作业间隙

标称电压(kV)	110	150	220	330	400	500	750
操作过电压倍数 k_0	3.0	3.0	2.5	2.5	2.5	2.5	2.1
带电间隙 D(m)	0.8	1.2	1.6	2.0	2.5	3.2	4.5

7.0.11 对于相间最小间隙：

1 工频电压相间最小间隙（见表22）。

确定配合的工频50%放电电压$U_{c(50\%)}$按下式计算：

$$U_{c(50\%)} = \frac{U_m \cdot k_a}{1 - 3\sigma} \tag{23}$$

式中：U_m——相间工频过电压（kV）；

k_a——高海拔闪络电压气象修正系数；

σ——间隙放电电压的标准偏差值，取值为3%。

表22 工频电压相间最小间隙

标称电压(kV)	110	220	330	500	750
最高运行电压(kV)	126	252	363	550	800
最高运行相电压(kV)	178.2	356.4	513.4	777.8	1131.4
安全系数	1.05	1.05	1.05	1.05	1.05
1000m海拔修正系数	1.131	1.131	1.131	1.131	1.131
工频相间电压$U_{c(50\%)}$(kV)	232	465	670	1015	1476
相间最小间隙(m)	0.38	0.74	1.14	1.76	2.73

参照现行行业标准《220kV～500kV紧凑型架空送电线路设计技术规定》DL/T 5217中表9.0.7工频电压，工频电压相间最小间隙值见表23。

表23 工频电压相间最小间隙

标称电压(kV)	110	220	330	500	750
工频电压相间最小间隙(m)	0.50	0.90	1.60	2.20	2.80

2 操作过电压相间最小间隙。

我国以往设计规程对输电线路相间间隙没有明确规定，仅在现行行业标准《交流电气装置的过电压保护和绝缘配合》DL/T 620中对变电站提出500kV要求为4.3m，《220kV～500kV紧凑型架空送电线路设计技术规定》DL/T 5217对500kV紧凑型线路相间间隙提出塔头为5.2m、档中为4.6m的要求，但这仅仅是根据500kV昌平—房山紧凑型线路的设计和研究成果得出的,而国外20世纪80年代已开展了深入的试验研究,积累了大量的试验研究数据。

相间绝缘的电气强度不仅取决于相间绝缘距离,还取决于导体对接地体的距离。

相间操作波冲击绝缘强度,受多种因素的影响,比相地间要复杂得多,例如:

1)波形的影响:如相地绝缘试验一样,正极性操作波亦有一个临界波头长度(此时放电电压最低),一般为$20D_e \sim 25D_e$(D_e为电气距离),但是国外实际试验的波头长度为$250\mu s \sim 2500\mu s$,长波头的50%放电电压稍高,定量关系尚待确定。我国试验一般为短波头。

2)正负极性的比例影响:试验发现,当相间电压全部为正极性时,其绝缘强度最低;而全部为负极性时,其绝缘强度最高。当电压50%为正极性和50%为负极性时,则介于上述两者之间。试验数据采用效应指标$\alpha = \dfrac{|V_-|}{V_+ + |V_-|}$来表示。显然,$\alpha$愈小,放电电压愈低。

3)分裂导线数目的影响:由于分裂导线表面电场的不均匀性,试验表明,4分裂导线比单导线的放电电压要高1%~5%。

4)第三相存在的影响:由于三相导线布置在同一塔窗中,第三相的存在(其状态为接地、绝缘或带电),对其他两相间的50%放电电压会产生影响,试验证明,第三相带负电时,其他两相间的放电电压值最低。

5)试验线段长度的影响:一般试验用钢管模拟导线,其长度在10m左右,这时得到的50%放电电压不同于实际档距线长情况,不少研究者按并联间隙方式进行修正。然而实际运行线路在风偏条件下,仅在档距中央存在一个最小电气距离,似无修正的必要性。另外,一部分试验是在模拟塔头上做的,框中的电场分布不可能同于档距中央,故50%放电电压存在一定的误差。

6)气象条件的影响:由于试验地点的气象条件不同于标准条件,故试验电压必须进行校正。但相间外绝缘试验的气象校正尚无标准,故多数试验数据未进行校正,少数试验按相地气象校正系数。

操作过电压的相间最小间隙取决于相间操作过电压倍数。相间操作过电压倍数与相对地操作过电压倍数有一定的关系。按统计,IEC建议相间操作过电压与相对地操作过电压比值取为:

$$N = 1.34 + \frac{0.39}{n} \tag{24}$$

式中:n——相对地操作过电压倍数。

当500kV相对地操作过电压倍数为2.0时,相间操作过电压与相对地操作过电压比值 $N = 1.34 + \frac{0.39}{2} = 1.534$,其相间操作过电压倍数为 $N \cdot n = 3.068 \approx 3.1$。

西南电力设计院《紧凑型线路相间距离选取》一文中对500kV线路在不同相间操作过电压倍数时的相间最小距离作了计算,结果如表24:

表24 操作过电压相间最小间隙

相间操作过电压倍数	3.0	3.1	3.2	3.3
相间最小距离(m)	4.0	4.15	4.30	4.45

500kV昌平—房山紧凑型线路,按相间操作过电压为3.3p.u.,计算档距中相间操作过电压间隙为4.6m,与西南电力设计院计算值相接近;塔头相间操作过电压间隙为5.2m,相间操作冲击闪络概率低于0.006。

220kV安定—廊坊紧凑型线路,按相间操作过电压为4.20p.u.,计算档距中相间操作过电压间隙为2.1m;塔头相间操作过电压间隙为2.4m,相间操作冲击闪络概率低于0.001。

对500kV昌平—房山和220kV安定—廊坊紧凑型线路工程

相间操作冲击绝缘强度研究,得出线路在杆塔处的相间操作冲击绝缘强度比无杆塔处低约10%;所以塔头处的相间间隙要较档距中的相间间隙增大。

水平距离 $D=0.4L_k+\dfrac{U}{110}+0.65\sqrt{f_c}$ 中的 $\dfrac{U}{110}$ 实际上就相当于相间操作过电压作用时在档距中的相间最小间隙值。

按此计算,500kV及以下电压等级相间操作过电压作用下的档距中相间最小间隙见表25。

表25 相间操作过电压作用下的档距中相间最小间隙

标称电压(kV)	110	220	330	500
相间间隙值(档距中)(m)	1.00	2.00	3.00	4.55

本规范表7.0.11中操作过电压相间最小间隙值,220kV是按相间操作过电压4.20p.u.、500kV是按相间操作过电压3.30p.u.计算得来的。

在变电站进出线档,其相间最小间隙可根据工程实际情况确定,但不应小于现行行业标准《交流电气装置的过电压保护和绝缘配合》DL/T 620所规定的变电站相间最小间隙值。

根据"750kV同塔双回紧凑型交流输电线路关键技术"科研项目成果,750kV相间2%操作过电压值取2.78p.u.、最高运行电压为800kV,当相对标准偏差 $\sigma=0.03$ 时,海拔1000m时的空气间隙放电电压海拔修正系数 $K_a=1.083$,则相间操作冲击50%放电电压 $U_{50\%}$ 为:

$$U_{50\%}=\dfrac{U_s \cdot k_a}{(1-3\sigma)}=2160(\text{kV}) \tag{25}$$

依据"750千伏单回紧凑型输电线路外绝缘特性试验研究"、"750千伏紧凑型输电线路外绝缘特性(双回)试验研究"的结果,塔头处的相间操作间隙为7.70m,档距中的相间操作间隙为5.40m。相间操作冲击闪络概率低于0.001。

当相间操作过电压值与上述不同时可通过计算或试验具体求得。

7.0.12 本条是根据 Isulation co-ordination on Part 2 Application guide IEC60071-2 规定的。图 12 为操作过电压塔头空气间隙海拔修正流程图。

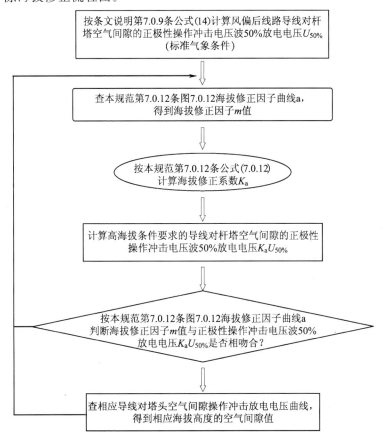

图 12 操作过电压塔头空气间隙海拔修正流程图

示例：

1 750kV 边相导线(采用 I 型串)风偏后线路导线对杆塔空气间隙的正极性操作冲击电压波 50% 放电电压 $U_{50\%}$ 应符合下式要求：

$$U_{50\%} \geqslant K_3 U_s = 1.27 \times 1.8 \times 800/\sqrt{3/2} = 1493 (kV)$$

查相关导线对塔头空气间隙操作冲击放电电压曲线,得到标准气象条件下操作过电压边相空气间隙值为 3.84m。

2　查本规范第 7.0.12 条图 7.0.12 海拔修正因子曲线 a,得到海拔修正因子 $m=0.532$。

3　按本规范第 7.0.12 条公式(7.0.12)计算海拔 1000m 时修正系数 $K_a=1.067$。

4　计算高海拔条件要求的导线对杆塔空气间隙的正极性操作冲击电压波 50%放电电压 $K_a U_{50\%}=1594$kV。

5　查本规范第 7.0.12 条图 7.0.12 海拔修正因子曲线 a,得到海拔修正因子 $m=0.498$。

6　按本规范第 7.0.12 条图 7.0.12 海拔修正因子曲线 a 判断海拔修正因子 m 值与正极性操作冲击电压波 50%放电电压 $K_a U_{50\%}$ 是否相吻合?

7　重复 4 步骤~6 步骤,得出:海拔修正因子 $m=0.500$;海拔 1000m 时修正系数 $K_a=1.063$;正极性操作冲击电压波 50%放电电压 $K_a U_{50\%}=1588$kV;查相应导线对塔头空气间隙操作冲击放电电压曲线,得到海拔 1000m 时操作过电压边相空气间隙值为 4.20m。

8　按本规范第 7.0.9 条、图 7.0.12 和条文说明图 11 分别进行塔宽、波头长度修正,得到海拔 1000m 时操作过电压边相空气间隙值为 4.00m。

针对 110kV~500kV 输电线路也可采用以下修正方法:在海拔高度超过 1000m 地区,海拔高度每增高 100m 操作过电压和运行电压的间隙,应比本规范表 7.0.9 所列数值增大 1%;如因高海拔而需增加绝缘子数量,则表 7.0.9 所列的雷电过电压最小间隙也应相应增大。

7.0.13、7.0.14 这两条是根据现行行业标准《交流电气装置的过电压保护和绝缘配合》DL/T 620 及运行经验总结而来的。

对 220kV~330kV 线路在年平均雷暴日数不超过 15d 的地区,甘肃省电力设计院根据西北少雷地区的高压输电线路的运行经验,及加拿大的 500kV、前苏联的 330kV 线路都不沿全线架设地线的情况,建议可采用单地线。

对于多雷区和山区的输电线路,根据运行经验耐雷水平不能满足要求时,应采取增强绝缘、降低接地电阻,减少保护角等措施。

7.0.15 运行经验表明,高杆塔输电线路雷击跳闸主要是绕击引起的,因此,对同塔双回路采用较单回路小的保护角,采用小的保护角是减少雷击跳闸的有效措施。

公式(7.0.15)只适用于一般档距,其中 S 系指导线与地线间的距离。

7.0.16、7.0.17 第 7.0.17 条为强制性条文。这两条是根据现行行业标准《交流电气装置的接地规定》DL/T 621 和运行经验而确定的。对土壤电阻率大于 $2000\Omega\cdot m$ 地区,除采用加长接地体降低接地电阻外也可采用其他措施如降阻剂等。线路经过居民密集地区时,应适当降低接地装置的跨步电压。

7.0.18 根据中国电力工程顾问集团公司技术标准《高压直流输电大地返回运行系统设计技术导则》Q/DGI—D002—2005 的要求,线路经过直流接地极 5km 之内的线路,要考虑接地极对铁塔、基础的影响。

基础对地,杆塔对基础应采用绝缘措施。5km 之内的线路,杆塔宜单点接地,以减小电腐蚀的影响。

7.0.19 本条为强制性条文。利用钢筋作接地引下线的关键,在于短路电流流经的铁件与钢筋之间应有可靠的电气连接。对预应力混凝土杆就要特别注意。因预应力钢筋一般都不能焊接以保证可靠的电气连接,所以要采取有效措施。例如,西北电力设计院在 330kV 预应力杆上,特意补加一根非预应力钢筋,专门作为接地之用。此经验可供各地参考。小接地电流系统的短路电流作用时间长,对此则更应该注意,以免发生事故。

外敷的接地引下线采用的镀锌钢绞线最小截面为现行行业标准《交流电气装置的过电压保护和绝缘配合》DL/T 620 中所规定。

7.0.20 南方一些水田,烂泥较深,耕作深度也比一般旱田为大,所以加以说明。

位于居民区和水田的接地体应敷设成环形,主要是减小跨步电压,确保安全。

7.0.21 本条规定说明如下:

1 线路设计,若采用绝缘地线时,应通过导线和地线的换位,及适当的地线接地安排来限制地线上的静电、电磁感应电压和电流;选用可靠的地线间隙,来保证各运行状态的可靠绝缘和雷击前或相对地闪络时及时击穿,并能随后自行可靠熄灭。

1) 220kV 及以上线路采用绝缘地线时,地线上的感应电压可以高达几到几十千伏,感应电流可高达几到上百安培。工程实践中曾发生过地线间隙长期放电引起严重通信干扰,甚至烧断地线绝缘子造成停电的事故。究其原因,地线间隙不稳定或施工不准确往往具有一定影响,但主要还是限制地线感应电压和电流的措施不够完备。导线换位是限制地线感应电压和电流的根本措施。尤其是三角或垂直排列的线路,导线换位更是必不可少。还必须辅以地线换位,并且导、地线的换位必须统一安排,综合平衡。绝缘地线中的电压和电流的控制与导、地线排列方式和换位情况,地线绝缘子型式,地线间隙大小,地线接地方式等多种因素有关。一般说来,能够控制地线电压到 500V~1000V 以下是比较现实和可靠的。

2) 为了充分发挥地线的防雷保护作用,间隙的整定必须使它在雷击前的先导阶段能够预先建弧,并在雷击过后能够及时切断间隙中的工频电弧恢复正常运行状态,并在线路重合闸成功时,不致重燃;在线路发生短路事故时,地线间隙也能击穿而且应保证短路事故消除后,间隙能熄弧恢复正常。

3) 在线路采用距离保护的情况下,对于本塔接地电阻较高而不能满足距离保护整定要求时,还需保证线路发生相对地闪络后,至少本塔间隙能够及时建弧,以便汲出必要的短路电流降低距离保护的附加电阻。

2 对绝缘地线接地点长期通电的引线和接地装置,必须做好各项稳定校验和人身安全设计,并考虑好运行中对接地装置的检测办法。

由于用作限制感应电压和电流的地线接地点往往长期流通较

大电流，可能造成发热腐蚀和伤害人畜等事故，应该在设计中严格计算，慎重安排，并于投运后即予检测验证。又由于正常通流较大，若需于运行中断开接地引线检测接地装置，必须预先设置相应的带负荷切合开关，并做好该点断开后整条地线电量变化的预计和对策。

3 设计文件中应明确提出施工、运行人员接触绝缘地线时的注意事项和保护措施。

虽然绝缘地线设计中限制了危险的感应电压和电流，但线路运行中可能存在某些接地点松脱或连接变化导致感应电压和电流失控。即使完全正常，也可能由于人们对地线即地电位线的传统观念，忽略了残余电压和电流对人的刺激，从而因接触地线时受惊导致高空作业二次事故的危险。尤其是双回线路一回停电，或本线路停电由邻近高压线感应，而存在着一次或二次事故的可能。这些都需要在设计文件中具体反映，需要对施工和运行单位提出必要的注意事项和防护措施。

7.0.22 根据现行行业标准《交流电气装置的过电压保护和绝缘配合》DL/T 620规定，输电线路与弱电线路交叉时，交叉档弱电线路的木质电杆，应有防雷措施。

8 导线布置

8.0.1 推荐的水平线间距离公式,是根据国内外经验提出的。

除了上述实际使用的情况外,各地还有不少经验公式。如下式。

$$D=138+0.1U^{1.5}+0.6L_k \quad (26)$$

国外所使用的公式介绍如下:

1 德国、比利时: $D=\dfrac{U}{150}+0.62\sqrt{f_c+L_k}$ （27）

2 西班牙: $D=\dfrac{U}{150}+0.62\sqrt{f_c}$ （28）

3 奥地利: $D=\dfrac{U}{150}+0.9\sqrt{f_c+L_k}$ （29）

4 意大利: $D=\dfrac{U}{100}+0.5\sqrt{f_c+L_k}$ （30）

5 荷兰: $D=\dfrac{U}{125}+0.8\sqrt{f_c+L_k\sin\alpha}$ （31）

6 波兰: $D=\dfrac{U}{150}+0.65\sqrt{f_c+L_k}$ （32）

7 瑞典: $D=\dfrac{U}{150}+0.5\sqrt{f_c}$ （33）

8 芬兰: $D=\dfrac{U}{143}+0.027\dfrac{L_k+10}{\sqrt{d\sigma_0}}$ （34）

9 前苏联: $D=1+\dfrac{U}{110}+0.6\sqrt{f_c}$ （35）

10 美国: $D=0.7L_k+0.0076U+K\sqrt{f_c}$ （36）

式中:轻、中、重冰区的 K 值分别为 0.635、0.662、0.69。

11 捷克： $D=0.25+\dfrac{U}{100}+0.7\sqrt{f_c}$ （37）

本规范推荐水平线间距离公式如下：

$$D=0.4L_k+\dfrac{U}{110}+0.65\sqrt{f_c} \qquad (38)$$

上述公式与我们推荐公式形式相同。

间隙距离与电压有关，采用外过电压距离，因此取$\dfrac{U}{110}$。在大档距大弧垂时，绝缘子串长度并入弧垂考虑，将不起什么影响，而不能反映两者摇摆角不同的情况，故推荐公式中将两者分开。

推荐公式的系数，是按上述原则，考虑各地经验提出的。

推荐公式与国外公式比较，除奥地利和美国外，比其他国家为大或相近。从上述说明可知，推荐公式在一般情况下是安全的。

考虑到国内外的线间距离公式，都是从已有的大量线路运行经验总结的，而这些线路的档距和弧垂大部分并不很大。虽然1968年国际大电力网会议收集各国公式并做比较时，将弧垂算到200m，但考虑到大档距常有特殊情况，很难和一般线路一致，因此只允许该公式在1000m以下档距中使用。

导线垂直排列时的垂直线间距离d'，国外也有提出的，如德国、比利时与波兰，而且公式也相同，即：

$$d'=\dfrac{U}{150}+0.75\sqrt{f_c+L_k} \qquad (39)$$

式中单位与前述公式相同，因此所要求的垂直线间距离较水平线间距离为大。前苏联公式为：

$$d'=\dfrac{U}{110}+0.17\sqrt{b+L_k} \qquad (40)$$

式中：b——冰厚（mm）。

从上式可看出，在10mm覆冰区，垂直与水平线间距离基本一样，仅差常数1m；在200m或400m档距时即差25%左右。大档距时差值较小。在5mm冰区，该公式中弧垂项较10mm覆冰区打了7折,因此垂直线间距离还可减少一些。

垂直线间距离主要是确定于覆冰脱落时的跳跃,因此是与弧垂及冰厚有关的。一般地区,导线覆冰,尤其是覆厚冰是很稀少的,而且要探讨相互关系得出一个简单公式也是很困难的。大家根据实际运行经验,都体会到垂直线间距离较相同的水平线间距离优越一些,即允许的弧垂或档距可以大一些,这是因为覆冰情况甚少见,而导线因风摇摆也不能使上下导线发生闪络,所以垂直排列时似乎更安全些。这些看法在导线不舞动地区也是正确的。考虑到导线舞动是个别的,所以我们认为要求垂直线间距离比水平线距离大是不合适的。根据我国双回路线路运行经验,我们推荐垂直线间距离可为水平线间距离的 0.75 倍。应指出,按覆冰脱落一半,而邻档皆未脱落计算,还考虑到覆冰脱落的动态过程,则上述推荐值在 10mm 冰区就不够了,因此我们认为在覆冰地区垂直排列的线路,水平偏移是不可少的。

导线呈三角型排列时,其工作状态介乎导线垂直排列和水平排列之间。水平排列的两根导线,当一根导线往上略微提高时,考虑到导线的摇摆接近基本与水平排列时相同,故在相同的允许弧垂或档距的情况下,其两线的距离不应缩小很多。因此这根导线移动的轨迹,相当于以水平线间距离为长半轴、垂直线间距离为短半轴的椭圆。这就是斜向线间距离化为等值水平线间距离的基本想法。该式是四川火力设计处提出的。以 154kV 青营线跨辽河为例,下面两根导线相距 7.6m;上导线居中间,距下面两根导线的垂直距离 D_z 为 2.8m。即:

$$D'_p = \frac{7.6}{2} = 3.8\text{m}, D_z = 2.8\text{m}$$

$$\therefore D'_x = \sqrt{3.8^2 + \left(\frac{7.6}{2} \times 2.8\right)^2} = 5.32\text{m}$$

$$5.32 = 0.4 \times 2.0 + \frac{154}{110} + 0.65\sqrt{f_c}$$

$$\therefore f_c = (5.32-2.2)^2/0.65^2 = 23\mathrm{m}$$

实际弧垂为 39.8m，运行 30 多年未出事故，故该公式是偏于安全的。

上下导线间最小垂直线间距离是根据带电作业的要求确定。本规范表 8.0.1-1 中 K_1 的系数按不同串型，列表规定水平线间距离公式中的悬垂绝缘子串系数。

8.0.2 关于水平偏移的资料，在一般覆冰地区不多见，因较厚的覆冰是数十年罕见的现象，而足够的水平偏移不易出事故，更不被人们发现和注意。

1970 年 3 月上海大雪，导线覆冰严重，折算到比重 0.9 相当覆冰厚 10mm，220kV 上望线及郊区另一条线路，未考虑水平偏移，致脱冰跳跃时上下导线闪络。而 220kV 上杭线因有 500mm 的水平偏移，就未发生类似事故。

1972 年 1 月 23 日上午山东 110kV 枣临线因下雨雪而结冰，下午 18 点 24 分，在 5min 内连续跳闸五次，经检查有四档上下导线在四处烧伤，附近树上已结 5mm 以上的冰棱。

重覆冰区导线间或导线与地线间发生闪络则较多见。如云南的 110kV 宣以线、以东线，导线及地线结冰在 100mm 以上，曾多次闪络跳闸。该线路导线为水平排列，闪络多在与地线无水平偏移的三联杆间档距或与三联杆相邻的档距上。

湖南 110kV 岳阳桃林线情况与云南相同，导地线间的闪络发生在三联杆上。另一条 110kV 柘湘线，导线与地线的水平偏移有 1.25m。但仅导线有溶冰措施。结冰后，导线因溶冰而覆冰先脱落，此时地线反低于导线约 2m。在风力作用下，导、地线闪络将地线烧断。

吉林通化地区覆冰甚常见，覆冰厚 20mm、40mm 甚至 100mm 以上，比重约 0.2～0.5。积雪厚也有大至 140mm，比重为 0.03～0.15。当地有 10 条 60kV 线路因此而闪络跳闸。这些线路导线标号为 AC-70 至 AC-150 不等，水平偏移由 0.2m～

0.5m。后将水平偏移改为0.9m～1.5m后,运行良好。

根据一般地区覆冰事故少见的特点,本规范将水平偏移值减少一级。考虑到导线与地线间,虽为相电压,但覆冰脱落的时间先后相差较长,这段时间内常因起风而发生导、地线间闪络,故与导线间水平偏移取同一数值。

2008年1月份的覆冰事故表明,导、地线间及导线间水平偏移是必要的。

8.0.3 考虑到多回路杆塔上,不同回路间导线闪络,将影响到两个以上回路的安全供电,而且继电保护也不反映回路之间的闪络,易使事故扩大。故将不同回路的不同相导线间线间距离的要求增大0.5m,其最小距离仍保持不变。

8.0.4 线路换位的作用是为了减少电力系统正常运行时不平衡电流和不平衡电压,关于通信干扰的"四部协议",曾参照前苏联资料规定了线路换位距离的数值。但是实际上输电线路与某通信线全部平行接近是不可能的,输电线路的换位对通信线的干扰影响很小。而输电线的换位,不仅增加了投资,而且也增加了输电线的事故几率,还不便于带电作业。故各国输电线的换位是很少的。我国一些旧线路换位距离也很长,东北1940年前后建成的青鞍、青营、青锦、松浜、松长线,其换位循环长度位108、94、60、76、56km。近年来我国有许多新建线路的换位循环长度为50km～100km。

瑞典的380kV线路先建一段长476km,用6个换位循环,后建的一段长478km,只用2个换位循环。美国近年建设了很多没有换位杆塔的输电线路,甚至长达200km～240km的115kV和230kV线路也不换位,而对旧线路的换位杆塔则予以撤出。前苏联的400kV古莫线的环卫循环长度也达200km～300km。

前苏联1958年《电器设备安装规程》就已改为:"超过100km的110kV～220kV输电线路,为保证三相系统的对称应进行换位。此时一个换位循环长度不应超过250km。为平衡有很多短线路的电网中各相电容,各线路各相的排列应使整个电网中各相电容最可能的对称"这就将输电线路的换位与通信干扰脱离关系。其他各国对输电线路换位的考虑,也只着重限制电力系统中不对称电流和电压。

根据国内外的实践经验,考虑到我国初次修改换位距离的具体情况,为可靠起见,本规范规定100km以上线路应换位,换位循环长度不得大于200km。对短线路电容平衡的方法,也相应作了规定。

消弧线圈接地系统的换位,本条中新增加了内容。征求意见中,有的单位反映35kV新建线路因未换位,在投入运行时,发现中性点对地电压很高,而需要补做换位。考虑到目前消弧线圈容量较紧张,新建线路投入后,脱谐度减少而容易产生共振条件,在系统不对称电容电流较大时,就将发生中性点过大的位移电压而不能运行,还考虑到35kV及60kV线路多数为三角排列,换位较简单方便,故要求消弧线圈接地系统的线路一般进行换位和变更相序排列。前苏联1971年《送电线路设计手册》也较1958年《电器设备安装规程》有所调整:"35kV及以下经消弧线圈接地系统,推荐变更各终端塔上相序的排列来平衡不对称电容电流。"这可能是前苏联换位长度增加以后几年运行的经验总结。

9 杆塔型式

9.0.1 本条规定了杆塔类型的基本概念,使得杆塔类型的定义规范化和具体化。同时,便于区分悬垂型和耐张型两类杆塔的荷载组合。对于换位杆塔、跨越杆塔以及其他特殊杆塔,可以按绝缘子与杆塔的连接方式分别归入悬垂型或耐张型。

9.0.2 能够满足使用要求(如电气参数等)的杆塔外形或型式可能有多种,要根据线路的具体特点来选择适合的杆塔外形。同一条线路,往往由于沿线所经地区、环境、条件等不同,对塔型的要求也不同。设计时应在充分优化的基础上选择最佳塔型方案。

9.0.3 本条规定了杆塔的使用原则。

1 在杆塔选型时不仅要对塔体本身进行技术经济比较,而且要考虑到导线排列型式和塔体尺寸(如铁塔根开)对不同地质条件的基础造价的影响,进行综合技术经济比较。通常导线水平排列比三角排列铁塔的基础作用力要小些;塔体尺寸大(铁塔根开大),基础作用力也要小些,基础材料耗量也相应较小一些。但是对地质条件较好的山区,减小基础作用力,效果就不显著,塔体尺寸大(铁塔根开大),可能还会引起土方开挖量增加。

2 在同等设计条件下,拉线铁塔与自立铁塔相比,拉线塔用钢量可省30%左右,但占地范围较大。钢筋混凝土杆与铁塔相比,钢筋混凝土杆本体造价较小,运行维护方便,但部件运输重量较大。因此,要根据工程的实际地形、运输和施工条件经过技术经济比较,因地制宜选用拉线塔和钢筋混凝土杆。

3 对山区铁塔应采用长短腿配合不等高基础的结构型式,尽量适应塔位地形的要求,以减小基面开挖量和水土流失,将线路对沿线环境的影响降至最低程度。

4 走廊清理费是指线路走廊的房屋拆迁和青苗赔偿等费用。工程实践证明,当走廊清理费较大时,通过对铁塔、基础和走廊清理费用进行综合经济比较,采用三角排列铁塔的工程造价较低;当采用 V 型、Y 型和 L 型绝缘子串时,线路走廊会更窄,走廊清理费用也会更小。

当同一走廊内线路回路数较多时,采用同塔双回或多回路杆塔型式也是减小线路走廊的一种有效途径。

钢管杆占地小,外型比较简洁美观,但是造价相对高。因此,它较适用于城市、城郊有美观要求的输电线路。

5 悬垂型杆塔可带 3°转角设计,是根据国内的设计和运行经验提出的。由于悬垂型杆塔带转角只是少数情况,实际定位时,有些塔位的设计档距往往不会用足,因此,设计时采用将角度荷载折算成档距,在设计使用档距中扣除,杆塔仍以设计档距荷载计算,这样做一般比较经济合理。如果带转角较大,用缩小档距的办法,使悬垂型杆塔带转角就比较困难,同时悬垂串的偏角较大,塔头相应要放大,而且运行方面更换绝缘子也不方便。当带转角后要导致放大塔头尺寸时,宜做技术经济比较后确定。

悬垂转角杆塔的允许角度也是根据国内的运行经验提出的。悬垂转角杆塔的角度较大时,通常需要在导线横担向下设置小支架来调整导线挂点位置以满足电气间隙的要求。

10 杆塔荷载及材料

10.1 杆塔荷载

10.1.1 荷载分类原则是根据现行国家标准《建筑结构可靠度设计统一标准》GB 50068 的规定，结合输电线路结构的特点，为简化荷载分类，不列偶然荷载，将属这类性质的断线张力及安装荷载等也列入了可变荷载，将基础重力、拉线初始张力列入永久荷载，同时为与习惯称谓一致不采用该标准中所用的"作用"术语，而仍用"荷载"来表述。

10.1.2 本条规定了荷载作用方向的分类。

1 一般情况，杆塔的横担轴线是垂直于线路方向中心线或线路转角的平分线。因此，横向荷载是沿横担轴线方向的荷载，纵向荷载是垂直于横担轴线方向的荷载，垂直荷载是垂直于地面方向的荷载。

2 悬垂型杆塔基本风速工况，除了 0°风向和 90°风向的荷载工况外，45°风向和 60°风向对杆塔控制杆件产生的效应很接近。因此，通常计算 0°、45°及 90°三种风向的荷载工况。但是，对塔身为矩形截面或者特别高的杆塔等结构，有时候可能由 60°风向控制。

耐张型杆塔的基本风速工况，一般情况由 90°风向控制，但由于风速、塔高、塔型的影响，45°风向有时也会控制塔身主材。对于耐张分支塔等特殊杆塔结构，还应根据实际情况判断其他风向控制构件的可能性。

3 考虑到终端杆塔荷载的特点是不论转角范围大小，其前后档的张力一般相差较大。因此，规定终端杆塔还需计算基本风速的 0°风向，其他风向（90°或 45°）可根据实际塔位转角情况而定。

10.1.3 正常运行情况、断线（含分裂导线时的纵向不平衡张力）情况和安装情况的荷载组合是各类杆塔的基本荷载组合，不论线路工程处于何种气象区都必须计算。当线路工程所处气象区有覆冰条件时，还应计算不均匀覆冰的情况。

10.1.4 基本风速、无冰、未断线的正常运行情况应分别考虑最大垂直荷载和最小垂直荷载两种组合。因为，工程实践计算分析表明，铁塔的某些构件（例如部分 V 型串的横担构件或部分塔身侧面斜材）可能由最小垂直荷载组合控制。

10.1.5、10.1.6 断线（含分裂导线的纵向不平衡张力）情况，当实际工程气象条件无冰时，应按$-5℃$、无冰、无风计算。断线情况均考虑同一档内断线（单导线为一相，分裂导线考虑一相纵向不平衡张力）。

1 对单回路悬垂型杆塔，单导线考虑一相导线断线（分裂导线一相导线有纵向不平衡张力）情况或断一根地线的情况。

2 对耐张塔和双回路及以上的悬垂型杆塔，尚应考虑地线和导线的断线（或分裂导线的纵向不平衡张力）组合。

3 对导线水平排列的单回路耐张塔，某些杆件内力在边相作用一相导线断线张力（或分裂导线的纵向不平衡张力）时，可能比边、中相同时作用两相导线断线张力（或分裂导线的纵向不平衡张力）的情况还要大，因此要求对单导线考虑作用一相或两相断线张力（分裂导线一相或两相有纵向不平衡张力）的荷载组合。某些杆塔设计时，能够判断作用一相导线断线张力（或分裂导线的纵向不平衡张力）不起控制作用时，可以只计算作用两相导线断线张力（或分裂导线的纵向不平衡张力）的荷载组合，以简化计算。

4 对双回路或多回路耐张杆塔，由于各工程的导线排列型式不尽相同，也可能存在类似情况，荷载组合时应作考虑。

5 对于终端杆塔，由于变电站侧导线断线张力（或分裂导线的纵向不平衡张力）很小，线路侧导线断线张力（或分裂导线的纵向不平衡张力）相对很大，因此要求对单回路或双回路终端塔还要考虑线路侧作用一相或两相断线张力(或分裂导线的纵向不平衡张力),使终端塔的纵向荷载组合效应不低于耐张塔的纵向荷载组合。

6 对于地线顶架连接在导线横担上面的情况,当横担端部布置成有隔面的非尖头时,单独断地线的工况有时候会控制横担正面的局部构件。

10.1.7 为了提高地线支架的承载能力,对悬垂塔和耐张塔,地线断线张力取值均为100%最大使用张力。

10.1.8 从历次冰灾事故情况来看,地线的覆冰厚度一般较导线要厚,故对于不均匀覆冰情况,地线的不平衡张力取值(占最大使用张力的百分数)较导线要大。无冰区段和5mm冰区段可不考虑不均匀覆冰情况引起的不平衡张力。

本规范表10.1.8中不均匀覆冰的导、地线不平衡张力取值适用于档距不大于550m、高差不超过15%的使用条件,超过该条件时应按实际情况进行计算。

10.1.9 不均匀覆冰荷载组合,应考虑纵向弯矩组合情况,以提高杆塔的纵向抗弯能力。

10.1.10 本规范规定的各类杆塔断线情况下的断线张力(或分裂导线的纵向不平衡张力)和不均匀覆冰情况下的不平衡张力值已考虑了动力影响,因此,应按静态荷载计算。

10.1.11 2008年的严重冰灾在湖南、江西和浙江等省份均有发生串倒的现象,由于倒塔断线引起相邻档的铁塔被拉倒的现象不少。为了有效地控制冰灾事故的进一步扩大,对于较长的耐张段之间适当布置防串倒的加强型悬垂型杆塔,是非常有效的一种方法,国外的规范中也有类似的规定。加强型悬垂型杆塔除按常规悬垂型杆塔工况计算外,还应按所有导、地线同侧有断线张力(或分裂导线的纵向不平衡张力)计算,以提高该塔的纵向承载能力。

10.1.12 本条是根据以往实际工程设计经验确定的。验算覆冰荷载情况是作为正常设计情况之外的补充计算条件提出来的。主要在于弥补设计条件的不足,用以校验和提高线路在稀有的验算覆冰情况下的抗冰能力。它的荷载特点是在过载冰的运行情况下，同时存在较大的不平衡张力。这项不平衡张力是由于现场档距不等、在冰凌过载条件下产生的，导、地线具有同期同方向的特性，故只考虑正常运行和所有导、地线同时同向有不平衡张力。

鉴于验算覆冰荷载出现概率很小，故不再考虑断线和最大扭矩的组合情况。

10.1.13 本条说明有以下几点：

1 悬垂型杆塔提升导、地线及其附件时发生的荷载。其中，提升导、地线的荷载一般仍按常规 2 倍起吊考虑。如果考虑避免安装荷载（包括检修荷载）控制杆件选材，起吊导、地线时采用转向滑轮（图 13）等措施，将起吊荷载控制在导、地线重量的 1.5 倍以内是可行的。直流线路已有工程经验。但是，应在设计文件中加以说明。

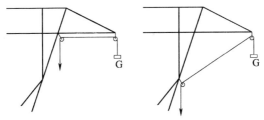

图 13 起吊导、地线时采用转向滑轮示意图

2 悬垂型杆塔，导线或地线锚线作业时，挂线点处的线条重力由于前后塔位高差对其影响较大，一般应取垂直档距较大一侧的线条重力。即：按塔位实际情况，一般应取大于 50% 垂直档距的线条重力。

3 双回及多回路杆塔如无特殊要求，一般不考虑单边导、地线先架设的情况；双回路及以上的杆塔，导线分期架设往往会在施工时使杆塔受到较大的扭矩。为了尽可能减小施工荷载的影响，一般只有当实际工程需要分期架设时，才考虑分期架设的荷载组合。

4 导、地线的过牵引、施工误差和初伸长引起的张力增大系数应由电气专业根据导、地线的特性确定。

5 水平和接近水平的杆件,单独校验承受1000N人重荷载,而不与其他荷载组合,是参照国外的设计经验和国内部分设计单位的实践经验。一般可将与水平面夹角不大于30°的杆件视为接近水平的杆件。如果某些杆件不考虑上人,应在设计文件中说明。校验时,可将1000N作为集中荷载,杆件视为简支梁,其跨距取杆件的水平投影长度,杆件应力不应大于材料的强度设计值。

10.1.14 本条是根据以往实际工程设计经验确定的。

10.1.15 考虑阵风在高度方向的差异对曲线型(变坡)铁塔斜材产生的不利影响,也称埃菲尔效应。

10.1.16 混凝土高塔是指混凝土塔身的总高度超过100m的塔。以往工程设计经验表明,位于7度地震区的这类高塔的个别断面是由地震荷载控制的。

10.1.17 圆管构件在以往的工程中曾出现过激振现象,有的振动已引起螺栓连接的松动或构件的损坏。虽然目前要精确地计算振动力尚有困难,有些参数不容易得到,设计时可参照现行国家标准《高耸结构设计规范》GB 50135的有关规定。

10.1.18 导、地线风荷载计算公式中风压调整系数 β_c,是考虑500kV线路因绝缘子串较长、子导线多,有发生动力放大作用的可能,且随风速增大而增大。此外,近年来500kV线路发生事故频率较高,适当提高导、地线荷载对降低500kV线路的倒塔事故率也有一定帮助。根据对比计算,考虑 β_c 后,500kV线路铁塔的设计重量比不考虑 β_c 增加5%~10%左右。但对于电线本身的张力弧垂计算、风偏角计算和其他电压等级线路的荷载计算都不必考虑 β_c,即取 $\beta_c=1.0$。

按照1997年6月25日至27日电力规划设计总院和国家电力调度通信中心联合召开的《110~500kV架空送电线路设计技术规程报批稿专家讨论会》的精神,并与现行行业标准《交流电气装置的过电压保护和绝缘配合》DL/T 620 第 10.2.2 条的规定取得一致,将电气间隙校验用的风压不均匀系数 α 统一使用到各级电压线路。本规范表 10.1.18-1 的注是提醒对跳线计算,不宜考虑为 α 效应。

此外前苏联 1977 年的《电气设备安装规程》及德国的 DIV VDE0210 以及美国的 ASCE "Guidelines for Transmission Line Structural Loading"等资料,也都认为对档距小于 200m 左右的也不宜乘以小于 1.0 的 α 值。本规范表 10.1.18-2 中的 α 值也可用 $\alpha=0.50+60/L_H$ 公式计算。

通过对各国风偏间隙校验用风压不均匀系数的分析,参照其中反映风压不均匀系数随档距变化规律的德国和日本系数曲线,结合我国实际运行经验,提出了风压不均匀系数的取值要求。

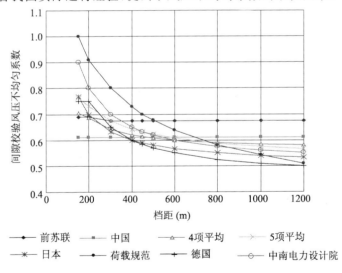

图 14 间隙校验风压系数不均匀系数图

从图 14 可以反映出:

1 现行国家标准《建筑结构荷载规范》GB 50009 的规定适用于机械负荷计算,对于导线风偏间隙校验应该有所折减。

2 前苏联和中国对不同档距采用简化的单一数据,对大档距偏高,对小档距偏低。

3 日本和德国的规定,反映了风压不均匀系数随档距变化的客观规律,比较适合于权衡比选该系数的取值要求。条文中采用的数据大于德国和日本的规定。

4 公式 $\alpha=0.50+60/L_H$ 中第一项 0.5 从德国和日本公式的 0.45 和 0.5 中取大值,第二项 60 从 60 和 40 中取大值,这样偏大地组合在 400m 档距以下已经超出德国和日本数据的包络线,档距越小超出越大。

5 图 14 中"4 项平均"系取前苏联、中、日、德四国规范数据平均,"5 项平均"还计入了我国荷载规范的数据。

10.1.19 体型系数 μ_s 按现行国家标准《建筑结构荷载规范》GB 50009 确定。当考虑杆件相互遮挡影响时,可按《建筑结构荷载规范》GB 50009 的规定计算受风面积 A_s。

10.1.20 杆塔本身风压调整系数 β_z,主要是考虑脉动风振的影响。为便于设计,对一般高度的杆塔在全高度内采用单一系数。根据过去部分实测结果和经验,总高度在 20m 及以下杆塔的自振周期较小(一般在 0.25s 以下),可以不考虑风振的影响(即 $\beta_z=1.0$)。拉线杆塔的 β_z 值的规定主要是参照现行国家标准《高耸结构设计规范》GB 50135 的规定给予适当提高。总高度超过 60m 的杆塔,特别是较高的大跨越杆塔,其 β_z 宜采用由下而上逐段增大的数值,可以参照现行国家标准《建筑结构荷载规范》GB 50009 的有关规定确定;对宽度较大或迎风面积增加较大的计算段(例如横担、微波天线等)应给予适当加大。

对基础的 β_z 值是参考化工塔架的设计经验,取对杆塔效应的 50%,即 $\beta_{基础}=(\beta_{杆塔}-1)/2+1$,考虑到使用上方便,取对 60m 及以下杆塔为 1.0;对 60m 以上杆塔为 1.3。

10.1.21 本条中的计算公式是根据我国电力部门设计经验确定的。

以上导、地线风荷载计算公式、杆塔风荷载计算公式和绝缘子串风荷载计算公式中均有系数 B，B 为覆冰工况时，风荷载的增大系数，仅仅用于计算覆冰风荷载之用，计算其他工况的风荷载时，不考虑系数 B。

10.1.22 本条参考了国家标准《建筑结构荷载规范》GB 50009 第 7.2.1 条的规定。

本规范表 10.1.22 风压高度变化系数 μ_z，按下列公式计算得出：

$$\mu_z^A = 1.379\left(\frac{Z}{10}\right)^{0.24} \quad (41)$$

$$\mu_z^B = 1.000\left(\frac{Z}{10}\right)^{0.32} \quad (42)$$

$$\mu_z^C = 0.616\left(\frac{Z}{10}\right)^{0.44} \quad (43)$$

$$\mu_z^D = 0.318\left(\frac{Z}{10}\right)^{0.60} \quad (44)$$

式中：Z——对地高度（m）。

10.2 结构材料

10.2.1 近年来，经过调研及铁塔试验等工作，Q420 高强度角钢在国内第一条 750kV 线路工程中得到了成功应用，在新建 500kV 输电线路工程上也有许多应用实例。我国首条 1000kV 晋东南-南阳-荆门特高压示范线路工程中也用到了 Q420 高强度角钢和钢板。华东电力设计院设计的 500kV 吴淞口大跨越工程中应用了 Q390 的高强度钢板压制的钢管结构，并在 500kV 江阴大跨越工程中应用了 ASTM Gr65（屈服应力 450MPa）大规格角钢和厚钢板。因此，本规范将一般采用钢材等级提高到 Q420，此外，现行国家标准《低合金高强度结构钢》GB/T 1591 已列入 Q460 高强度钢，有条件也可采用 Q460。

10.2.2 本条参考了现行国家标准《钢结构设计规范》GB 50017

和现行行业标准《高层民用建筑钢结构技术规程》JGJ 99 的规定，所有杆塔结构的钢材均应满足不低于 B 级钢的质量要求。

由于厚钢板在热轧过程中产生的缺陷，当钢板与其他构件焊接并在厚度方向承受拉力时，沿厚度方向可能会发生层状撕裂的问题，所以本规范规定厚钢板应考虑采取防止层状撕裂的措施，例如可采用 Z 向性能钢板、控制焊接应力、控制钢材的断面收缩率、控制材料杂质含量、控制焊接工艺等措施。

我国现行国家标准《钢结构设计规范》GB 50017 规定：当焊接承重结构为防止钢材的层状撕裂而采用 Z 向钢时，其材质应符合现行国家标准《厚度方向性能钢板》GB/T 5313 的规定。

现行国家标准《建筑抗震设计规范》GB 50011 和现行行业标准《建筑钢结构焊接技术规程》JGJ 81 对厚度不小于 40mm 的钢材，规定宜采用抗层状撕裂的 Z 向钢材。

设计人员可根据结构的实际情况考虑采取防止钢材层状撕裂的措施。

10.2.3 近年来 8.8 级螺栓在杆塔上已应用较多，尤其是在大跨越塔结构和钢管塔的法兰上有一定的应用经验。但是 10.9 级螺栓在输电塔上应用的还不多，螺栓强度越高，硬度越高、脆性越大，尤其是氢脆的可能性就越大，在满足强度要求的前提下，应特别注意螺栓的塑性性能必须符合现行国家标准《紧固件机械性能 螺栓、螺钉和螺柱》GB/T 3098.1 的要求。

10.2.4 本条参考了现行国家标准《混凝土结构设计规范》GB 50010 第 4.2.1 条的规定。

10.2.5 混凝土杆的混凝土强度等级是根据我国混凝土电杆的设计经验确定的。

10.2.6 按照现行国家标准《紧固件机械性能 螺栓、螺钉和螺柱》GB/T 3098.1 的规定，螺栓的直径暂按照不大于 39mm 考虑，直径大于 39mm 的螺栓可参照执行。各个性能等级螺栓的材料必须满足最小抗拉应力、最小屈服应力及一定的硬度值和塑性能力。

本规范的杆塔构件连接螺栓的强度设计值是以上述标准为基础,并参照国内外的使用经验和试验结果提出的。

钢材设计值是参考了现行国家标准《钢结构设计规范》GB 50017 的规定。

10.2.7、10.2.8 电力行业对拉线杆塔拉线的安全系数规定为 $K=2.2$。因此,按极限状态设计法的要求拉线(或金具)的抗拉强度设计值(f_s)应按公式 $\dfrac{K_e \cdot f_u}{K} = \dfrac{f_s}{\gamma_Q}$ 确定,由此得材料分项系数 $\gamma_R = \dfrac{K_e \cdot f_u}{f_s} = \dfrac{K}{\gamma_Q} = \dfrac{2.2}{1.4} = 1.57$,故拉线的抗拉强度设计值为 $f_s = K_e \times f_u / 1.57$,上式中 f_u 为拉线钢丝最小极限拉应力(N/mm²);K_e 为钢绞线绞合系数,7 股线取 $K_e = 0.92$;19 股线取 $K_e = 0.90$;γ_Q 为可变荷载分项系数,取 $\gamma_Q = 1.4$。

11 杆塔结构

11.1 基本计算规定

11.1.1～11.1.3 这三条是根据现行国家标准《建筑结构可靠度设计统一标准》GB 50068 确定的。

11.2 承载能力和正常使用极限状态计算表达式

11.2.1 承载力极限状态设计表达式是根据现行国家标准《建筑结构可靠度设计统一标准》GB 50068 规定的有关原则确定的。其中的荷载效应分项系数 γ_G、γ_{Qi} 和抗力分项系数 γ_R 以及组合值系数 ψ 等的取值不仅与《技术规程》规定的安全度有关,而且与可靠指标 β 有关。在荷载标准值已经确定的情况下,条文中所规定的各种系数值是不能随意改变的。

荷载标准值是指在杆塔结构的使用期间,在通常情况下可能出现的最大荷载平均值。由于荷载本身具有随机性,因而使用期间的最大荷载也是随机变量,原则上应用它的统计分布来描述。但是,鉴于目前的实际情况,除了风荷载有较详细的统计资料外,其他的荷载只能根据工程实践经验,通过分析判断后,规定一个公称值作为它的标准值。荷载设计值是用它的标准值乘以相应的荷载分项系数之后的数值。

构件抗力分项系数 γ_R 一般是包含在构件的材料强度设计值(或者抗力设计值)之中,即材料强度设计值是由其标准值除以抗力分项系数 γ_R 后得出的。材料强度设计值 f 和标准值 f_k 一般都能在有关的国家标准中找到。当材料的 f_k 和 f 值确定之后,抗力分项系数 γ_R 也就可以通过计算确定。例如 Q235 钢,$\gamma_R=1.087$;其他钢,$\gamma_R=1.111$。一般混凝土的 γ_R 平均值为 1.354。

在规范编制中,根据《技术规程》的安全系数和容许应力与材料的强度标准值和设计值之间的上述关系,采用"校准法"来进行换算和比较,结果表明,本规范中所采用的各项系数是能够满足《技术规程》的安全水平的(在对悬垂型杆塔的比较时,其中的 γ_R 和 γ_{Gi} 所占比例是采用加权平均的计算方法,对于耐张型杆塔,则略去 γ_R 的影响)。

11.2.2 与正常使用极限状态有关的荷载效应是根据荷载标准值确定的。

11.2.3 本条是根据现行国家标准《构筑物抗震设计规范》GB 50191 和《电力设施抗震设计规范》GB 50260 的有关规定和线路杆塔结构的特点制定的。S_{GE} 为永久荷载代表值,按照现行国家标准《建筑抗震设计规范》GB 50011 确定。

11.3 杆塔结构基本规定

11.3.1 杆塔挠度由荷载、施工和长期运行等原因产生,而从设计上只能控制由荷载引起的挠度值。计算挠度限值的确定原则是使常用的杆塔结构尺寸在荷载的长期效应组合作用下一般能满足的要求。

11.3.2 本条是参照现行国家标准《混凝土结构设计规范》GB 50010第 3.3.3 条和第 3.3.4 条确定的。

11.3.3 本条是按我国杆塔设计经验并参照美国标准《输电线路角钢塔设计》ASCE 10—97 确定的。实际工程中塔身斜材长细比较大时,由于刚度较弱会引起自重下垂变形,故参照美国输电铁塔设计导则将一般受压材的最大允许长细比定为 200。

11.3.4 拉线混凝土杆允许最大长细比是根据国内电杆部件试验和电杆线路运行经验确定的。

单柱拉线铁塔主柱的允许长细比最初是根据丹汉二回和钟潜线的使用情况,按 22m 塔高确定的;双柱拉线铁塔主柱的允许长细比是按丹汉一回和七奉线的使用情况确定的。许多工程实践表明此规定是合理的。

11.3.5 大量工程实践证明热浸镀锌工艺是铁塔构件防腐的有效措施。当选用其他防腐措施时,必须有足够资料证明其防腐性能不低于热浸镀锌工艺,方可采用。

11.3.6 铁塔连接螺栓的螺纹进入剪切面,不仅降低螺栓的承载力,而且大量螺栓进入剪切面还影响铁塔的变形。因此,设计时应使螺纹不进入剪切面。

11.3.7 运行部门如无特殊要求,一般可在地面以上 8m 高度范围内的塔腿和拉线部位的连接螺栓采取防御措施。

12 基 础

12.0.1 随着我国输电线路设计和施工水平的不断提高,线路基础选用经验日益丰富,选用的基础型式也逐渐增多。但总体来看,原状土基础、现浇钢筋混凝土基础和混凝土基础仍然是主要的基础型式。

1 原状土基础包括岩石基础、机扩桩基础、掏挖(半掏挖)基础、爆扩桩基础和钻孔桩基础等。它们能充分地发挥原状土的承载性能,承载力大、变形小、用料省。其中以钻孔桩基础造价较高,约为板式基础的1.5倍～1.8倍,因此,它只适用于要求承载力特别大、地基又较差的塔位,或者当其他基础型式在技术上不能满足要求时采用。近年来,斜掏挖基础和带翼板的掏挖基础也在工程中有所应用,其应用前景值得关注。原状土基础对环境的破坏较小,符合绿色工程的理念。

现浇钢筋混凝土基础通常由配筋的底板及立柱组成,由于混凝土量小,造价较低,在一般地质条件下,对受力较大的铁塔基础常选用这种型式。混凝土基础的一般形式为台阶式基础,每个台阶应满足刚性角等要求,不需要配筋,施工比较简单,是一般地质条件下受力较小,或考虑地下水位影响的铁塔基础所选用的型式。由于现浇钢筋混凝土基础或混凝土基础具有较好的适用性,方便施工,因而使用范围较广。

2 为适应山区地形,山区线路工程普遍采用全方位长短腿铁塔。基础设计时需在基础型式和基面设计方面多做优化工作,尽量采用合理的基础型式,尽可能少开挖或不开挖基面,保护环境、减少植被破坏和水土流失。

12.0.2 按照输电线路设计方法和经验,对基础稳定、基础承载力采用荷载的设计值进行计算,对地基的不均匀沉降、基础位移等采用荷载的标准值进行计算。

12.0.3 基础的附加系数是按照输电线路设计方法和经验对各类基础的安全度换算而来的。表达式中的基础上拔或倾覆外力设计值 T_E,对可变荷载计入了荷载分项系数 1.4,对永久荷载计入了荷载分项系数 1.2 或者 1.0。土壤分类与现行国家标准《建筑地基基础设计规范》GB 50007 相一致。

12.0.4 根据杆塔的风荷载(可变荷载)为主的特点,经过测算,基础底面压力极限状态表达式本规范公式(12.0.4-1)、(12.0.4-2)右端项需除以0.75(相当于乘以1.33)后才能保持基础下压按极限状态设计法设计的基础底面尺寸与按容许应力法设计基本上相衔接。

12.0.5 线路施工点分散,施工条件较差,对现浇基础不论配筋与否其混凝土强度等级均规定不应低于C20。

12.0.6 线路沿线岩石地基的岩性和完整程度通常存在较大差异。由于在线路勘测期间工程地质人员野外对岩石地基的鉴别存在局限性,所以,对配置岩石基础的杆塔位,在基坑开挖后必须进行鉴定。条文中强调了必须对岩石逐基鉴定,保证设计的岩石基础安全、可靠,这也是对选择合适基础型式、正确取定计算参数的验证。

12.0.7 在季节性冻土地区,其标准冻结深度可由地质资料提出,也可按现行国家标准《建筑地基基础设计规范》GB 50007 的规定确定。多年冻土地区所涉及的区域较少,本规范不作详细规定。

12.0.8 洪水冲刷、流水动压力等计算时洪水频率:500kV 大跨越杆塔基础可采用 50 年一遇;500kV 输电线路和 110kV~330kV 大跨越杆塔基础可采用 30 年一遇;其他电压等级输电线路和无冲刷、无漂浮物的内涝积水地区的杆塔基础可采用 5 年一遇;当有特殊要求时,应遵循相关标准确定。

12.0.9 本条是根据以往工程实践经验提出的。防治措施可参照现行国家标准《构筑物抗震设计规范》GB 50191 和《电力设施抗震设计规范》GB 50260 的规定。

12.0.10 转角塔、终端塔的预偏要根据杆塔结构的变形和基础设计时地基出现的变形综合考虑确定,或根据工程设计、施工、运行经验确定。

杆塔的变形与杆塔结构型式、转角度数、地基情况、导线型号以及张力大小等有关,而加工因素和施工过程也会对杆塔的变形产生影响。

13 对地距离及交叉跨越

13.0.1 本条为强制性条文。导线与地面、建筑物、树木、铁路、道路、河流、管道、索道及各种架空线路的垂直距离，《技术规程》是按最高气温或覆冰情况求得的最大弧垂来计算。在制定过程中，有些单位提出是否可按导线允许温度来计算弧垂，理由是：第一，目前电力系统负荷较重，导线有过热现象，应予考虑；第二，国际上许多国家也是按导线允许温度设计的。对上述意见，经过研究认为，最大弧垂的计算条件和间隔距离要求是相对应的，它决定了杆塔的高度。多年来，按《技术规程》设计的线路，在对地距离和交叉跨越方面，运行情况是好的。如果现在改为按导线允许温度来设计，势必抬高了标准，增加了基建投资。

一般情况下导线截面是按经济电流密度选择的，常年运行时导线温度是不高的，只在系统事故线路短期过载运行时导线温度才能达到70℃。

因此，保留《技术规程》的计算条件是合适的。现再补充说明以下三点：

1 重覆冰区的线路，由于严重的冰过载或不均匀覆冰和验算覆冰使导线弧垂增大，对跨越物或地面的间距减小，造成人身触电伤亡，导线烧伤、线路跳闸等事故。如贵州六水线、水盘线，云南的以东线，羊盘线、五镇线，湖南的双道线等均发生过这类事故。为此，本条补充规定了对重覆冰区的线路，还应计算导线不均匀覆冰和验算覆冰情况下的弧垂增大。

2 为解决架线过程中，由于设计和施工的误差而引起导线对地距离的减少，一般采用在定位过程预留"裕度"的方法来补偿。

在输电线路的设计和施工过程中，由于技术上和设备工具上的原因，往往使计算所得的导线弧垂数值与竣工后的数值之间存在着一定的差距。其产生的原因，概括起来可分为：测绘误差、定位误差和施工误差三种情况。如果再细分一下，测绘误差又包含有断面测量和制图展点两种误差。定位误差有模板刻制和图纸上排杆位两方面的问题。施工误差则是由于工艺水平关系必然存在的一种实际情况，它是由于划印压接不准，耐张绝缘子串量度不准，以及温度计指示的气温数值不能代表导线的温度等原因产生的。因此，杆塔定位时必须考虑"导线弧垂误差裕度"。该值视档距大小、地形条件、断面图比例尺大小而定。一般情况下，可根据线路电压等级确定。110kV及以下线路不宜小于0.5m，220kV及以上线路不宜小于0.8m，大跨越尚应适当增加。

3 大跨越的导线，其截面往往是按发热条件确定的。导线允许温度远大于本条规定的一般线路的数值，而且大跨越在线路中的地位又比较重要，因此为考虑电流过热引起弧垂增大的影响，故补充规定了在大跨越段，确定导线至地面、建筑物、树木、铁路、道路、河流、管道、索道及各种架空线路的距离，应按导线实际能够达到的最高温度计算最大弧垂。

提高导线允许温度到80℃时，按经济电流密度选择导线的线路，应按50℃弧垂校验限距。

计算表明导线40℃~50℃弧垂差大于70℃~80℃弧垂差。为简化按经济电流密度设计线路的工作，可在导线允许温度从70℃提高到80℃时，将定位弧垂的温度相应从40℃提高到50℃。这样的调整，对一般的平地档距，可以期望获得与现行规范相似的良好配合和运行效果。

据IEEE 1980年No.2的论文介绍，美国BPA公司也是按50℃导线弧垂做定位设计。

验算覆冰条件、导线最高温度及导线覆冰不均匀情况下对被交叉跨越物的间隙距离按操作过电压间隙校验。

13.0.2 本条为强制性条文，说明如下：

1 导线对地距离。

1) 110kV～330kV 线路的对地距离是以不发生危险的电气间隙放电事故,即考虑正常的绝缘水平来决定的。

如 330kV 在非居民区按城乡郊区在夏收季节若用汽车运输时,按交通部门规定载高以 4.0m 计算,操作过电压的等效间隙取 1.95m,裕度取 0.5m,则导线对地距离为:4.0＋0.5＋1.95＝6.45m。

如按日本规范计算(对地距离数值按每 10kV 增加 0.12m 计算),现以 220kV 的对地距离数值为基准,得 330kV 导线对地距离值为:6.5＋11×0.12＝7.82m。

此外,前苏联 1972 年《电工手册》规定取 7.5m,加拿大标准取 8.25m。

根据上述情况,经讨论确定,330kV 对地距离数值采用7.5m。

2) 500kV 输电线路导线对非居民区地面的距离除要考虑正常的绝缘水平外,还要考虑静电场强的影响。

对高压输电线下静电感应的影响,各国考虑的原则和方法各不相同。日本建设 500kV 线路时,对地距离是由静电感应来控制的,考虑的原则是把线下可能出现的暂态电击,控制到人们没有感觉或没有不舒服的水平,为此对地距离选得很高。美国和前苏联则是先按绝缘要求选择对地距离,然后再作静电感应校核,要求人在线路走廊内接触车辆或其他物体时不遭到损害,即符合电容耦合流过人体的工频电流不超过 5mA 和 4mA。在设计我国第一代 500kV 线路时,对可能停留在线下的各种车辆做了模拟试验和试验线路的实测试验,试验结果均表明对 500kV 线路在满足绝缘要求的条件下,一般都能满足稳态电击电流小于 5mA 的要求。根据当时在试验线路下所做的大量电击试验证明,由静电感应产生的暂态电击,虽然不会危及人身安全,但给人们造成的刺激是明显的,甚至可以很难受的,随着场强的减小,电击引起的疼痛也明显减轻。从 500kV 线路电击情况的调查来看,基本上全属暂态电击,因此认为对暂态电击水平亦应有所控制,考虑到影响暂态电击的因素很多,除物体对地电容外,还与对地绝缘情况和气候条件等因素有关。国际上至今也没有一个统一标准,为此决定从场强上作一些限制,以减轻暂态电击疼痛程度。在1978年锦州会议决定把第一代 $500 kV$ 线路下场强控制在 $10 kV/m$ 内。它相当于国外已运行的 $500 kV$ 线路一般的场强水平。

最近几年国外杂志和有关文献报导,各国也陆续把线下地面附近场强作为设计高压线路的限制条件之一,由于考虑的原则和制定标准的根据不同,在数值上相差很大。例如,1975年前苏联规定 $500 kV$ 和 $750 kV$ 线下场强不得大于 $15 kV/m$,跨越公路时不得超过 $10 kV/m$。1980年美国能源部制定的《超高压和特高压电气和机械设计标准》规定,交流超高压和特高压线下场强不能超过 $12 kV/m$。1980年美国邦维尔电力管理局对新设计的第四代 $500 kV$ 线路规定线下场强不得超过 $9 kV/m$,这些规定和我国第一代 $500 kV$ 对场强的要求基本一致。

至于输电线下的电场是否会对人有危害的生态影响的问题,由于人们不可能长期停留在线下高场强的地方,故在建设第一代 $500 kV$ 线路时,并无反映。但自前苏联1972年在国际大电网会议上提出 $500 kV$ 变电站内的电场对运行人员可能有生态影响后,在世界各地确有不少人开始研究输电线下的电场是否也会给人们带来有害的生态影响,1980年国际大电网会议,根据已发表的研究成果正式发出通告,说明现在有压线下的电场对人体无害,离允许的电场值还有很大的安全裕度。

3)按全档距电场分布决定对地距离和最高场强的实际影响。

鉴于对线路线下电场的限制,主要出于减轻由暂态电击给人们造成的不舒服感,没有涉及人身伤亡的问题,还考虑到人们在线路走廊内从事农业劳动时,在各个地方停留的机会是均等的不可能全集中在高场强的地方。如前所述,高场强区只占整个走廊中很少的地方,它又只在气温最高弧垂最大时才出现在档距中央边线外侧的狭长范围内,全年中气温最高的日子是有限的,而农事活动季节性很强,春种秋收农忙季节气温不高,线路弧垂不是最大,在考虑一个档距内的静电感应水平时,应综合考虑这些因素,为此建议500kV线路跨越农田对地距离取10.5m。在该距离时线下场强接近10kV/m的范围位于档距中央边相线下,两个狭长地段约占总面积的百分之几,并且只在一年中气温最高时出现(见图15阴影面积)。

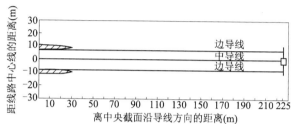

图15 导线对地距离10.5m,离地面1m接近10kV/m场强的范围(图中阴影部分)

4)国外500kV线路线下实际场强。

国外关于高压输电线路跨越农田的场强,日本有跨越稻田的场强取4kV/m～5kV/m的意见,根据前苏联500kV线路参数计算得到的线下最大场强为11.4kV/m,英国400kV线路最大场强在10kV/m左右。美国500kV线路各公司取值不完全一样,根据搜集到的美国1965年至1980年间建成的37条单回500kV线路参数,计算线下离地1m的最大场强,场强在5kV/m以下的有22条,占计算线路总长的58%,场强在9kV/m～10kV/m的有9条,约占总长的30%,场强大于10kV/m的有6条,约占总长的12%。

5) 运行线路的电击情况是运行部门所关心的,1981年发表的对美国和加拿大37个电力公司所属450kV以上线路的调查记录中,运行电压450kV～550kV线路总长23887km,运行电压为700kV～800kV线路总长4173km,线下地面最大场强,分别可达11kV/m和12.5kV/m。调查结果表明,运行以来没有发生过暂态电击引起的直接伤亡和二次事故。但由于电击给人造成疼痛和惊慌而向电力公司提出申诉是有的,电力公司记录在案的申诉情况如表26所示:

表26　北美500kV和750kV电击情况

标称电压(kV)	450～550	700～800
所属公司数	29	3
公司有记录的申诉数	78	91
线长×运行年(km·a)	203124	38065

上述调查是通过通信填表方式进行,电力公司记录的电击数还不能完全代表运行以来总的电击数,但从两种电压等级电击数对比来看,500kV电压级的电击数是较低的,从表26还可以看出765kV线路运行时间和线路长度都较500kV线路短,但电击数大于500kV线路。若折算成同样长的线路和运行时间,它的申诉率为500kV的6.23倍。

1982年12月对已建成运行的500kV平武的线下电场进行实测的结果表明,平武线线下实际场强较设计允许值低很多,主要的原因是导线实际对地高度普遍比设计值高。抽查元锦辽工程部分线段工程断面图亦发现这一现象,在被抽查的平地和山地两个线段中,定位后的对地距离比设计要求高出0.5m及其以上的平地占95%,山地占99%。分析原因除了在定位设计时按规定考虑对地距离综合误差外,还有其他一些客观原因,例如,定位时为了躲开沟渠或选择合适的建立塔地点,常使实际档距缩短,从而使对地高度增加;线路跨越通信线或低压配电线时,为满足交叉跨越要求亦使对地距离相应增加;此外,由于杆塔是按3m一级分档,选用高一档杆塔时亦使对地距离无形增大。考虑这些因素后,500kV三角排列线路按10.5m对地距离设计,建成后能在档距中央出现10kV/m场强的档距是为数不多的。

2　导线对山坡、峭壁、岩石的距离。

线路在交通困难地区、步行可达和不可达山坡的对地距离均按操作过电压的放电间隙,再根据人体、物体的高度并考虑一定的裕度而决定。如对目前投运的 500kV 线路大部分地区取值分别为 9、8.5、6.5m。

前苏联规程取 7m 和 5m;日本规程为 7.28m。

根据行业标准《交流电气装置的过电压保护和绝缘配合》DL/T 620—1997 式(24)求得操作冲击 50% 放电电压 U_C 为:

$$U_C = K_1 U_t = 1.25 \times \left(\frac{2.0 \times \sqrt{2 \times 550}}{\sqrt{3}} \right) = 1125 \text{kV} \quad (45)$$

根据东北电力设计院新稿设计手册中图 2-6-45 查曲线得要求的间隙约 3m。

交通困难地区与步行可达山坡的对地距离各个电压等级是同样的间隙标准,我们认为 500kV 线路也可考虑取同样标准。

步行可达山坡按人放牧时挥鞭合并考虑取 6.5m,再给予 2m 的裕度,取 8.5m(交通困难地区亦取此值);步行不可达山坡仅考虑操作过电压间隙和人鞭高度,故取值 6.5m。

13.0.3 输电线路通过居民区,为确保人身安全,宜采用固定横担和固定线夹,对居民区采用合成横担或瓷棒绝缘子横担也应为固定式。根据运行经验,跨越杆塔应采用固定线夹(跨越河流除外)。

13.0.4 本条为强制性条文。通过调查,多数单位认为输电线路不应跨越屋顶为燃烧材料做成的建筑,故保留《技术规程》的条文。输电线路不应跨越屋顶为燃烧材料做成的建筑,主要是指有人居住的房屋。对其他虽是燃烧材料(例如草料)为顶盖但无人居住的建筑,如无重要物品的仓库、猪圈、牛棚等,可视具体情况酌情处理。

500kV 线路与建筑物的最小垂距:对非长期住人、非易燃材料屋顶的建筑物,线路跨越的最小垂直距离目前全国有 8.5、9、18m 三个数值,大多数地区按前两个数值。上海地区 500kV 江黄线曾有几处线路跨越住人房屋的试点。经上海市政府同意的试点标准为:有人居住的房屋垂直距离取 9m;无人居住房屋取 8.5m。

国外500kV线路不允许跨越住人房屋;前苏联规定500kV导线跨越厂房的最小垂直距离为7m;日本为10.05m;加拿大为6.7m。

本规范表13.0.4-1标题中的最小垂直距离系指输电线路跨越建筑物时,导线在最大弧垂的情况下与建筑物顶部的净空距离。

本规范表13.0.4-2标题中的最小净空距离系指输电线路邻近建筑物时边导线在最大风偏的情况下,边导线与建筑物之间的最小净空距离。

本规范表13.0.4-3标题中的水平距离系指输电线路无风时边导线与建筑物在水平投影面上的距离。

水平距离小于本规范表13.0.4-3所列数值时,应考虑最大风偏情况下边导线与建筑物间的最小净空距离不小于本规范表13.0.4-2。

规划建筑物指不明结构和层高的规划建筑物,设计中应作多层建筑物考虑。

13.0.5 本条为强制性条文。场强取值高度与有关标准一致,条文含义更为明确,场强取值高度为"房屋所在位置离地面1.5m处未畸变电场不得超过4kV/m"。

经过各国大量的试验研究,到目前为止,普遍认为长期处于超高压线路附近的电场中,对人体不至于产生不良影响,但本条仍规定500kV及以上电压级线路暂不考虑跨越经常住人的建筑物,并按运行线路实际情况,对500kV和750kV线路分别规定边相导线地面投影外5m和6m以内不允许有经常住人的建筑物(日本规定500kV线路边相地面投影3m以内不允许有住房),以策万全。

对被跨越的非长期住人建筑物和邻近民房,控制房屋所在位置离地面1.5m处未畸变电场不超过4kV/m,以满足环保部门的要求。根据实测,此时户内的电场小到接近于零。参照《技术规程》规定:330kV线路同220kV线路一样,在某些情况下是允许跨越房屋的。330kV线路线距一般为7m、8m和9m,若被跨越的民房高度为4m或5m,线路架线相应的高度为11m或12m,其相应的最大地面未畸变场强如表27。

表27 线下最大地面未畸变场强

线 距(m)	7	7	8	8	9	9
导线对地高度(m)	11	12	11	12	11	12
线下最大地面未畸变场强(kV/m)	4.05	3.49	4.3	3.72	4.51	3.93

可见,330kV线路跨越民房时,其最大地面未畸变场强在4kV/m上下。500kV线路即按此经验选取4kV/m作为界限,多年来华东地区以及国内其他地区的绝大部分500kV线路拆迁房屋的实际标准均为4kV/m。

我们曾对某500kV线路工程的拆迁房屋数量进行统计分析,该线路导线排列为三角排列,常用悬垂型杆塔的横担宽度为14m,仅为水平排列导线横担长度的60%左右,若场强取3kV/m为界限,则拆房费用还要增加12.5%,相当可观。近年来,拆房费用不断上涨,华东地区线路拆房费甚至高达2000元/m²以上。并且还涉及大量政策处理和住房建设问题,直接影响整个工程的进度。

13.0.6 为满足对环境保护的要求,按有关规定:输电线路经过经济林木或树木密集的林区时,应按树木生长的自然生长高度,采用高跨原则。林木的自然生长高度,需经调查收资,并取得当地林木管理部门的认可。对于高跨绿化带困难且不经济时,可与有关部门协商考虑更换树种。

导线与树木、果树、经济作物的垂直距离、净空距离,都为电气安全绝缘间隙加上一定的裕度而计算得到的。

13.0.7 本条文是按架空输电线路与弱电线路接近和交叉装置规程中有关规定而编制的。

13.0.8 根据现行国家标准《建筑设计防火规范》GB 50016的要求,作了些补充和修改。

1 关于输电线路与易燃易爆场所的防火间距,不应小于杆塔高度加3m。

2 散发可燃气体的甲类生产厂房如与明火接近,有可能发生燃烧或爆炸。考虑到输电线路运行过程有可能产生电弧或火花,为安全起见,参照《建筑设计防火规范》GB 50016的要求,补充规定了输电线路与散发可燃气体的甲类生产厂房的防火间距还应大于30m的要求。

3 关于输电线路与爆炸物的接近距离,按照爆炸物的布置方式(开口布置或闭口布置)有不同的要求,设计时可参考有关专业规范。

以上规定,均是针对输电线路事故时,不致危及接近的易燃易爆场所。但在输电线路设计中,往往还要考虑易燃易爆物发生事故时,不危及线路的安全运行。如果有此需要,可参照有关专业规范或与有关单位协商解决。

13.0.9 在通道非常拥挤的特殊情况下,可与相关部门协商,在适当提高防护措施,满足防护安全要求后,可相应压缩防护间距。

13.0.10 根据原能源部《关于防范500kV输电线路事故再度发生的紧急通知》(能源电〔1989〕159号)的建议提高对重要交叉跨越的可靠度提出此项要求。华东地区500kV线路均按此标准设计。

13.0.11 本条为强制性条文。输电线路对各种交叉跨越物的距离,其取值原则由电场强度、电气绝缘间隙以及其他因素决定。输电线路与交叉跨越物的水平距离主要是为了避免输电线路对其他部门设施产生影响,如车辆行驶时电力线杆塔对司机视线的阻挡、电力线倒塔时对其他设施造成的危害等。在现行线路设计规程中,其取值大多与电压等级无关,相关部门亦已认可,故可沿用《技术规程》的值。个别与电压等级相关的距离,按各电压等级取值的级差递增取值。

以500kV架空输电线路交叉跨越为例:

1 交叉跨越表(见表28)。

表28 交叉跨越表

交叉物名称	最小允许距离(m)
对非居民区(一般农田)地面	12.0
对居民区地面	14.0
对交通困难、行人稀少地区的地面	9.0
至公用铁路轨顶	14.0
至非公用铁路轨顶	13.0
至等级公路路面	14.0
至通航河流5年一遇洪水位	10.0
至通航河流桅顶	6.0
至不通航河流百年一遇洪水位	7.0
至冬季能走人、车的不通航河流冰面	12.0
至电力线导地线	6.0
至电力线杆塔顶	8.5
1~3级通信线	8.5

注:500kV线路跨越电力线时,还应验算导线上带电作业,人体及飞车金属部分(如用飞车时)对被跨越导线、地线间的距离不小于3.8m。

结合第二代500kV塔头及国内目前的设计标准,并参照前苏联、日本等国的规程规定本规范表13.0.11中的500kV跨越要求。

2 目前我国的电力线路已有很大的发展。35kV及以下线路遍布各个地区,这些线路对电网的影响也随着低压线路的不断增加而相对减少。对跨越35kV及以上线路时跨越档内不允许有接头的要求给施工带来相当大的困难,已不适应目前的实际情况。同样,线路跨越等级公路也有类似的问题,目前我国公路建设飞速发展,各地的公路网四通八达,二级公路随处可见。线路跨越二级公路不允许有接头的要求也对电力线路的建设造成很大的限制。根据线路施工及运行经验,仅对曾经出现过事故的爆压连接加以限制是比较恰当的。为此,本规范规定:①线路跨越 35kV 线路时不限制导、地线接头。②二级公路跨越档内不允许导、地线采用爆压方式的接头。

3 目前线路跨越标准铁路时全国均按 14m 设计;非标准铁路按 13m 设计(华东地区有按 12m 设计的线路)。这些标准已为全国的铁路部门所接受。目前,全国的电气化铁路逐渐增多且出现了(规划中)城市高架电气铁路。线路跨越这些电气化铁路时各大铁路局的标准有一些差异。华北、东北地区既有要求弧垂最低点距轨顶 21m(来源是承力索杆顶 15m+6m 安全距离),也有要求 16m 的。中南、华东地区要求 16m。综合这些情况我们认为设计标准可取 16m 为最低限或按协议要求。线路跨越铁路时,铁塔基础边缘距铁轨中心取 30m。

4 目前,线路跨越等级公路全国均按 14m 考虑;非等级公路,大部分线路设计取 12m。少数地区取 11m 或 13m。本规范取 12m。

目前全国已有多条高速公路,跨越标准目前仍按 14m 考虑。铁塔基础边缘根据公路部门的要求应距高速公路红线 15m 以外(即高速公路下缘的排水沟以外 15m)。

5 500kV 线路对电车道路面及对承力索或接触线:日本标准为 10.05m 和 7.28m;前苏联标准为:13m(无轨电车)、11.5m(有轨电车)和 5m。我国 500kV 线路跨越电车轨道按跨越电气铁路同样考虑取 16m。

线路跨越电气铁路的承力索或接触线按跨越电力线同样考虑取 6m;线路跨越索道的承力索可按步行不可达山坡的情况考虑取 6.5m;导线风偏后由于对管、索道内容是归在一栏内,故均按 7.5m 取值。

6 跨越河流时,500kV 第一代线路设计标准:距通航河流五年一遇洪水位 10m;距最高船桅 6m。不通航河流:距百年一遇洪水位 7m;冬季至冰面 12m。目前第二代线路设计标准:全国大部分地区的设计距通航河流五年一遇洪水位9.5m;距最高船桅:东北地区为5.5m,其余地区多为6m。对不通航河流:距百年一遇洪水位,东北、华东地区为6.5m;其余地区仍多为7m。冬季至冰面都按11m设计(三角排列铁塔取10.5m)。

对通航河流日本规程未明确,但指出导线距水面的高度必须保证船舶航行没有危险;前苏联规程为8m。

根据上述情况并考虑最近几年全国洪涝灾害较多的情况,本规范编制组认为,对通航河流五年一遇洪水位的跨越标准可取9.5m;距最高船桅仍取6m;对不通航河流距百年一遇洪水位,取6.5m;冬季至冰面水平排列铁塔取11m、三角排列铁塔取10.5m。

7 线路跨越通信线、电力线时,由于是静电感应控制,所以全国的设计标准均对跨越杆塔顶取8.5m,跨越导、地线取6m。

8 500kV线路跨越特殊管道及索道:前苏联规程中最小垂直与最小水平距离及路径受限制地区导线最大风偏时的净距均为6.5m。日本规程最小垂距为7.28m;最小水平距离为10.05m(未提导线最大风偏)。

目前国内线路跨越特殊管道时:中南地区葛武线、平武线取7.5m;大房线按协议要求取值。我们倾向于按协议要求,当然,如订协议有困难时也可参考已建成的线路或按7.5m取值。在路径受限制地区导线最大风偏情况下取最小水平距离8m。当特殊管道(架空)或索道为金属材料制作时还应校验500kV线路挂飞车时的最小垂距不应小于3.2m。

9 线路跨越索道的设计标准各地差异较大。东北地区取6m,平武线、葛武线取6.5m,大房线取8m,漫昆(Ⅱ)回线取8.5m。由于索道只有在山区才出现,从实际情况看应和步行可达山坡的情况同样考虑。故认为索道顶部与导线的距离可取6.5m(底部可按8.5m考虑)。

10 在路径受限制地区,当二回平行的输电线路杆塔同步排列时,二回输电线路邻近的边相导线间的最小水平距离类同于同杆双回路上不同回路的不同相导线间的水平线距。

同一回路导线的水平线间距离,对1000m以下档距,按档距中导线接近条件考虑,按以下公式计算:

$$D = k_i L_k + \frac{U}{110} + 0.65\sqrt{f_c} \qquad (46)$$

式中:k_i——悬垂绝缘子串系数,取0.4;

　　　D——导线水平线间距离(m);

　　　L_k——悬垂绝缘子串长度(m);

　　　U——系统标称电压(kV);

　　　f_c——导线最大弧垂(m)。

同杆双回路上不同回路的不同相导线间水平线间距离应比上式要求加大0.5m。

路径受限制地区大都在发电厂、变电站进出线段或邻近城市的走廊拥挤地段,多为平原和丘陵地区,档距一般为400m～600m,气象条件:最大风速30m/s～35m/s,最大覆冰10mm,导线一般为LGJ-400、LGJ-500、LGJ-630、ACSR-720,路径受限制地区同步排列输电线路边导线间的最小水平距离按表29选取。

表29 路径受限制地区同步排列输电线路边导线间的最小水平距离取值表

标称电压(kV)	L_k(m)	f_c 导线最大弧垂(m)	D(m)	D+0.5(m)	最后取值(m)
110	1.3	12	3.73	4.23	5.0
220	2.5	15	5.48	5.98	7.0
330	3.7	20	7.35	7.85	9.0
500	5.0	30	10.11	10.61	13.0
750	8.5	30	13.78	14.28	16.0

按上式计算结果,最后取值再考虑一定的安全裕度。

相互平行的500kV线路(中心线间的)最小距离,华南地区为40m;华北地区为55m;华东地区为45m;东北地区一般都在60m以上。最小走廊宽度的计算一般要考虑以下几个方面:①无线电干扰;②静电感应;③工频及操作冲击条件时的闪络;④导线偏移;⑤舞动;⑥线路维修要求;⑦线路架设要求;⑧杆塔型式及尺寸;⑨可听噪声。根据国内外的计算资料,最小走廊的范围是在40m～70m(风速范围30m/s～40m/s)变化。建议两回三角排列塔的平行线路取中心线间最小水平距离(横担长度≤9m)为45m。两回水平排列塔的平行线路取中心线间最小水平距离为55m。

考虑其他变化因素等,对于500kV相互平行两线路杆塔位置交错排列,导线在最大风偏时对相邻线路杆塔的最小距离取7m。

表3.0.11注1～4保留了《技术规程》条文;注2中500kV内容见上述第10款的计算内容;注5重要交叉跨越技术条件需征求施工及运行单位意见后制定,是为了确保交叉跨越满足其他行业的相关要求。

14 环境保护

14.0.2～14.0.4 这三条强调对电磁干扰采取的防治措施,并对输电线路环境影响进行评价。输电线路环境影响评价采用的手段与方法所涉及的相关标准和规范主要有:

1 《作业场所工频电场卫生标准》GB 16203 中对工频电场测量方法的规定;

2 《声环境质量标准》GB 3096 中对环境噪声测量方法的规定;

3 《环境影响评价技术导则》HJ/T 2.1～2.3;

4 《环境影响评价技术导则 声环境》HJ/T 2.4;

5 《环境影响评价技术导则 非污染生态影响》HJ/T 19。

14.0.5 本条强调对自然环境和水土保持采取的防治措施,输电线路设计中应采取以下治理措施:

1 山区线路应采用全方位长短腿加不等高基础相组合,以适应不同的地形,减少塔位处植被的影响,还应采取必要的措施,防止水土流失,减小对环境的影响。

2 输电线路编制水土保持方案中采用的手段与方法所涉及的相关标准、规范和规定:

1)国务院《全国生态环境保护纲要》(国发〔2000〕第 38 号);

2)《关于印发〈全国水土保持预防监督纲要〉的通知》(水保〔2004〕332 号);

3)《防洪标准》GB 50201;

4)《水土保持综合治理技术规范》GB/T 16453.1～16453.6;

5)《开发建设项目水土保持方案技术规范》SL 204。

14.0.6 为配合环境保护,线路经过经济作物或林区时,宜采用跨越设计,减少对环境的影响。

16 附属设施

16.0.1 巡线站的设置与否跟沿线交通条件关系很大,在交通方便地区一般不需要设置巡检站。

16.0.2 按以往的惯例运行管理部门确有此需要,故一直沿用至今,根据近年来线路运行中发生的攀爬、触电事故,增加"设置高压危险,禁止攀爬杆塔和接近",并增加"杆塔上固定标志的尺寸、颜色和内容还应符合运行部门的要求"。

16.0.3 根据现在的通信条件完全没有架设检修专用通信线路的必要,对于大山、大森林或荒原等通信困难地段,也应采用适当的先进通信手段而不宜架设专用通信线,宜根据现有运行条件配备适当的通信设施。

16.0.4 本条是根据近年来工程实践确定的,已得到有关工程运行部门的认可。

附录 A 典型气象区

表 A.0.1 中基本风速是按基准高 10m 制定的。表底的注是吸收了国内覆冰倒塔事故的情况而增添的,使用者可按工程实际情况适当选择。

附录B 高压架空线路污秽分级标准

高压架空线路污秽分级标准按照国家标准《高压架空线路和发电厂、变电所环境污区分级及外绝缘选择标准》GB/T 16434—1996表1和表2修改。

目前代替GB/T 16434—1996的现行国家标准《污秽条件下高压绝缘子的选择和尺寸确定 第1部分:定义、信息和一般原则》中污秽度等级描述如下:

污秽度等级:为了标准化的目的,定性地定义了5个污秽等级,表征污秽度从很轻到很重;

a——很轻;b——轻;c——中等;d——重;e——很重。

注:1 这些字母等级与国家标准《高压电力设备外绝缘污秽等级》GB/T 5582—1993的数字等级不能直接对应。

2 实际上从一个等级到另一等级是逐渐变化的。因此,如果可以进行测量,确定绝缘子尺寸时优先考虑实际现场污秽度(SPS)值,而不是等级。

能导致闪络的绝缘子污秽的基本类型主要有两类:

A类:沉积在绝缘子表面上的有不溶成分的固体污秽,湿润时该沉积物变成导电的。这种类型污秽的最好表征方法是进行等值盐密/灰度(ESDD/NSDD)测量。固体污秽层的ESDD值也可以用在控制湿润条件下的表面电导率来评定。

B类:沉积在绝缘子上的不溶成分很少或没有不溶成分的液体电解质。这种类型污秽的最好表征方法是进行电导或泄漏电流测量。

对于A类污秽,图16给出了参照盘形悬式绝缘子对应于每一SPS等级的ESDD/NSDD值的范围。这些值是从现场测量、经验以及污秽试验推导出来的,并且是从至少一年时间的定期测量中得到的最大值。这个图仅适用于参照绝缘子并考虑了它们具体的积污特性。

注：图16是依据我国经验和试验数据做出的，其中的ESDD、NSDD为带电测量值。由于我国目前长棒形绝缘子的使用经验和试验数据很少，本部分暂未绘制长棒形绝缘子的ESDD/NSDD和SPS间关系图。

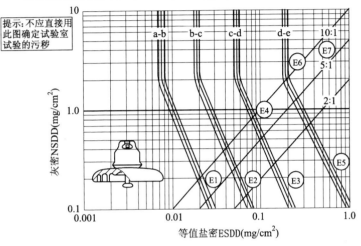

图16 A类现场污秽度——参照盘形悬式绝缘子的ESDD/NSDD和SPS间关系

注：E1～E7对应表29中的7种典型污秽示例，a-b、b-c、c-d、d-e为各级污区的分界线。三条直线分别为NSDD与ESDD之比为10∶1、5∶1、2∶1的灰盐比线。

对于B类污秽，图17示出了参照绝缘子的现场等值盐度（SES）测量和SPS等级间的关系。

对图17右侧阴影区表征的极重现场污秽度，为保证有满意的污秽性能，不能再使用简单的规则。对这个区域要求仔细研究，并需要采用绝缘解决方案兼防污措施的联合解决办法。

图16、图17的数值依据于沉积在参照绝缘子上的自然污秽。

不应直接用这些图来确定试验室试验的污秽度。对自然条件和试验条件间的差别和绝缘子型式间的差别都必须进行校正。

从一个 SPS 等级转变到另一个等级不是突变的,因此图 16、图 17 的每个等级间的边界线都用阴影带表示。

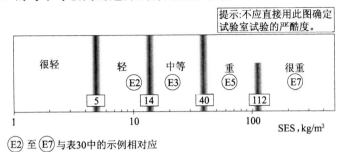

E2 至 E7 与表30中的示例相对应

图 17 B 类现场污秽度——参照绝缘子或监视器上的 SES 和 SPS 间关系

表 30 对每一污秽水平给出了某些典型的相应环境的示例和大致的描述。表中所描述的环境情况可能存在遗漏,并且最好不要单独据此描述来确定现场污秽度水平。表 30 中示例 E1 到 E7 被放置于图 16 和图 17 中以说明典型 SPS 水平。绝缘子的某些特性(例如外形)对绝缘子本身的积污秽量有重要影响。因此,这些典型值仅对参照盘形悬式绝缘子适用。

表 30 典型环境的举例

示列	典型环境的描述
E1	离海、荒漠或开阔干燥的陆地大于 50km[a]; 离人为污染源大于 10km[b]; 距大中城市及工业区大于 30km,植被覆盖好,人口密度很低(每平方公里小于 500 人的地区); 距上述污秽染距离近一些,但: • 主导风不直接来自这些污秽源; • 并且/或者每月定期有雨冲洗
E2	离海、荒漠或开阔干燥陆地 10km～50km[*]; 离人为污染源 5km[*]～10km[**]; 距大中城市及工业区 15km～30km,或乡镇工业废气排放强度小于 1000 万标准立方米每平方公里的区域,或人口密度 500 人～1000 人每平方公里的乡镇区域; 距上述污染源距离近一些,但: • 主导风不直接来自这些污秽源; • 并且/或者每月定期有雨冲洗

续表 30

示列	典型环境的描述
E3	离海、荒漠或开阔干燥陆地(3～10)km***； 离人为污染源(1～5)km**； 集中工业区内工业废气排放强度(1000～3000)万标准立方米每平方公里的区域、或人口密度(1000～10000)人每平方公里的乡镇区域； 距上述污秽源距离近一些,但： • 主导风不直接来自这些污染源； • 并且/或者每月定期有雨冲洗
E4	距 E3 中提到的污染源距离更远,但： • 在较长(几周或几个月)干燥污秽集积季节后经常出现浓雾(或毛毛雨)； • 并且/或有高电导率的大雨； • 并且/或者有高的 NSDD 水平,其为 ESDD 的 5 倍～10 倍
E5	离海、荒漠或开阔干燥陆地 3km 以内***； 离人为污染源 1km 以内**； 距大中城市及工业区积污期主导风下风方向(5～10)km,或距独立化工或燃煤工业源 1km,或乡镇工业密集区及重要交通干线 0.2km,或人口密度大于 10000 人每平方公里的居民区,或交通枢纽
E6	离 E5 中提到的污染源距离更远,但： • 在较长(几周或几个月)干燥污秽集积季节后经常出现浓雾(或毛毛雨)； • 并且/或者有高的 NSDD 水平,其为 ESDD 的 5 倍～10 倍
E7	离污染源的距离与重污秽区(E5)相同,且 • 直接遭受到海水喷溅或浓盐雾； • 或直接遭受高电导率的污秽物(化工、燃煤等)或高浓度的水泥型灰尘,并且频繁受到雾或毛毛雨湿润； • 沙和盐能快速沉积并且经常有冷凝的荒漠地区或含盐量大于 1.0%的干燥盐碱地区

注：* 表示在风暴期间,在这样的离海距离,其 ESDD 水平可以达到一个高得多的水平。

** 相比于规定的离海、荒漠和干燥陆地距离,大城市影响的距离可能更远；

*** 取决于海岸区域地形以及风的强度。

附录 C 各种绝缘子的 m_1 参考值

高海拔绝缘子片数需修正，m_1 特征指数反映了气压对于污闪电压的影响程度，数值由试验确定。根据国家电力公司科学技术项目"西北电网 750kV 输变电工程关键技术研究"中的《高海拔区 750kV 输变电设备外绝缘选取方法及绝缘子选型研究》课题，列表供设计参考。

附录 E 基础上拔土计算土重度和上拔角

参照了现行行业标准《架空送电线路基础设计技术规定》DL/T 5219 的规定,增加了粉土的相应指标。

附录 G 公 路 等 级

按现行行业标准《公路工程技术标准》JTG B01 的规定定义公路等级。